图解航空技术

TUJIE HANGKONG JISHU

田民波　编著

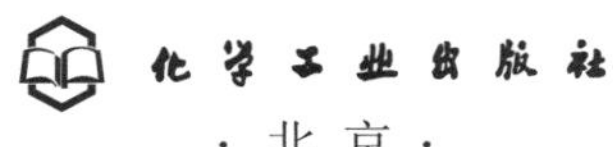

·北京·

《图解航空技术》内容包括航空技术入门，航空力学基础、飞机机体构造，发动机——推力和升力之源，航运安全系统高强轻质的飞机材料，显示飞机状态的航空仪表，直升机的原理与结构，我国的航空产业——自强不息、后来居上等9章，涉及飞机与航空技术的各个方面。

针对航空技术的入门者、应用者、研究开发者等多方面的需求，本书参考了相关的资料，采用图文并茂的形式，简明扼要地介绍了飞机的工作原理、相关材料、制作工艺、新进展、新应用及发展前景等。

本书可供航空航天领域相关的材料、机械、通信、精密仪器等领域专业人士参考。

图书在版编目（CIP）数据

图解航空技术 / 田民波编著. —北京：化学工业出版社，2019.3（2024.11重印）
（名师讲科技前沿系列）
ISBN 978-7-122-33687-3

Ⅰ. ①图… Ⅱ. ①田… Ⅲ. ①航空学-图解 Ⅳ. ①V2-64

中国版本图书馆CIP数据核字（2019）第005706号

责任编辑：邢 涛　　文字编辑：陈 喆
责任校对：王素芹　　装帧设计：王晓宇

出版发行：化学工业出版社（北京市东城区青年湖南街13号 邮政编码100011）
印　　装：北京新华印刷有限公司
880mm×1230mm 1/32 印张6¼ 字数200千字 2024年11月北京第1版第8次印刷

购书咨询：010-64518888
售后服务：010-64518899
网　　址：http://www.cip.com.cn
凡购买本书，如有缺损质量问题，本社销售中心负责调换。

定　　价：49.00元

前　言

飞机作为旅客及货物的大型运载工具，已不可或缺。当读者看到乃至亲身乘坐各类飞机时，可曾想到，飞机飞行的原理是什么？飞机如何起飞、加速、拐弯、降落？飞机发动机的原理是什么？

飞机诞生至今，不过百年，在这一百多年中，无数航空工业者献出了毕生的精力，甚至宝贵的生命。飞机与其他交通工具相比，其安全性最高。在这背后，是无数飞机制造者及航运管理者的心血和努力。无论是追求极致性能的各种军用飞机还是追求安全高效的民用飞机，都是人类智慧的结晶。飞机制造水平也成为一个国家制造业水平的标志之一。

大家公认现代飞机诞生于 1903 年，莱特兄弟制成的世界上第一架有动力、可操纵、重于空气的载人飞行器试飞成功。短短的 12s，开创了人类飞天的新纪元，书写了历史的新篇章。航空技术是人类在 20 世纪取得的最伟大的科学技术成就之一。20 世纪是航空工业发展的黄金时期，实践的成功，鼓舞了无数学者和技师投入到航空工业之中，航空的原理不断完善，新的技术不断涌现，飞机飞得更快、更高、更远，不断挑战极限，超越极限。同时，安全、长寿、节能、环保、舒适等要求使得航空技术以及相关技术飞速发展，渐渐形成一个庞大的知识体系。如今，航空技术日新月异，令世界变小了，也变大了。可以说，航空技术是人类科技进步的引领者之一。

本书系统介绍了航空工业的基础知识和尖端技术，涵盖材料、力学、机械、仪表、控制等领域。材料是航空器的基础，发动机是航空器的心脏，各种燃料是航空器的动力之源，仪表和控制系统是航空器的价值之本。本书采用图文并茂的形式，通过大量简洁明确的示意图，配合精练文字，将这些要素展现在读者面前，先进性与可读性并重。

本书可供航空工业以及相关的材料、机械、电子、自动控制等专业人士参考，也可供广大的航空爱好者学习。

本书得到清华大学本科教材立项资助并受到清华大学材料学院的全力支持，再次表示感谢。

由于笔者水平和知识面有限，不足之处恳请读者批评指正。

田民波

目　　录

第 1 章　航空技术入门

第 2 章　航空力学基础

第 3 章 飞机机体构造

第 4 章 发动机——推力和升力之源

第 5 章 航运安全系统

第 6 章　高强轻质的飞机材料

第 7 章　显示飞机状态的航空仪表

第 8 章　直升机的原理与结构

第 9 章　我国的航空产业——自强不息、后来居上

第 1 章

航空技术入门

1.1 航空器是如何分类的
1.2 如何实现空中飞行
1.3 飞机的诞生
1.4 飞机的构成
1.5 牛顿三大运动定律
1.6 空气的质量、密度和压力
1.7 流动空气的动压和静压
1.8 作为飞机飞行性能比较基准的“标准大气”
1.9 英寸（in）和磅（lb）

书角茶桌

莱特兄弟的思维突破

1.1 航空器是如何分类的

航空器是可载人且能在空中飞行的机械

航空器是指可获得由空气产生的浮力，能在大气中飞行的机械。包括可搭乘许多乘客在全球空中长途飞行的客机、在灾害现场用于救助活动的直升机、航空展览中将空中打扮得色彩斑斓的热气球、受上升气流驱动而飞翔在空中的滑翔机等。尽管形状、大小、用途各不相同，但它们都属于航空器。

如同汽车有小轿车、大巴车、卡车、大货车等分类一样，航空器也有几种分类方法。首先，按机体比空气重还是比空气轻来分，有重航空器和轻航空器。重航空器包括飞机、旋翼机、滑翔机等，轻航空器包括气球、飞艇等，它们靠氦等轻的气体或加热的空气来得到浮力。

飞机和滑翔机的主翼均固定在机身上，因此被分类为固定翼飞机。飞机自身装有引擎，靠在空气中前进时产生浮力（升力）而飞行。在机场可看到的航空器几乎都是飞机。

滑翔机可分为不备有发动机的滑翔机（纯滑翔机）和备有小功率发动机的滑翔机（马达滑翔机）两类。由于前者不能靠自力起飞，因此需要借助卷扬机或飞机的拖航起飞。

旋转翼机借由翼（主翼、主螺旋桨）的旋转获得升力，因此有直升机和旋翼机两种。直升机不受最低飞行速度的限制，在狭窄的场所也能起飞和着陆，在空中既可静止又可后退，特别适合灾难现场的救助活动及现场报道活动等。旋翼机与直升机类似，但其主翼（主螺旋桨）并不与发动机相连接，而是像飞机那样通过滑行，主螺旋桨靠风旋转，借由此产生的浮力而起飞，着陆也同样地借由滑行进行。

本节重点

（1）飞机是机体上带机翼且由发动机驱动的飞行器。
（2）纯滑翔机起飞需要拖航。
（3）直升机能在空中静止。

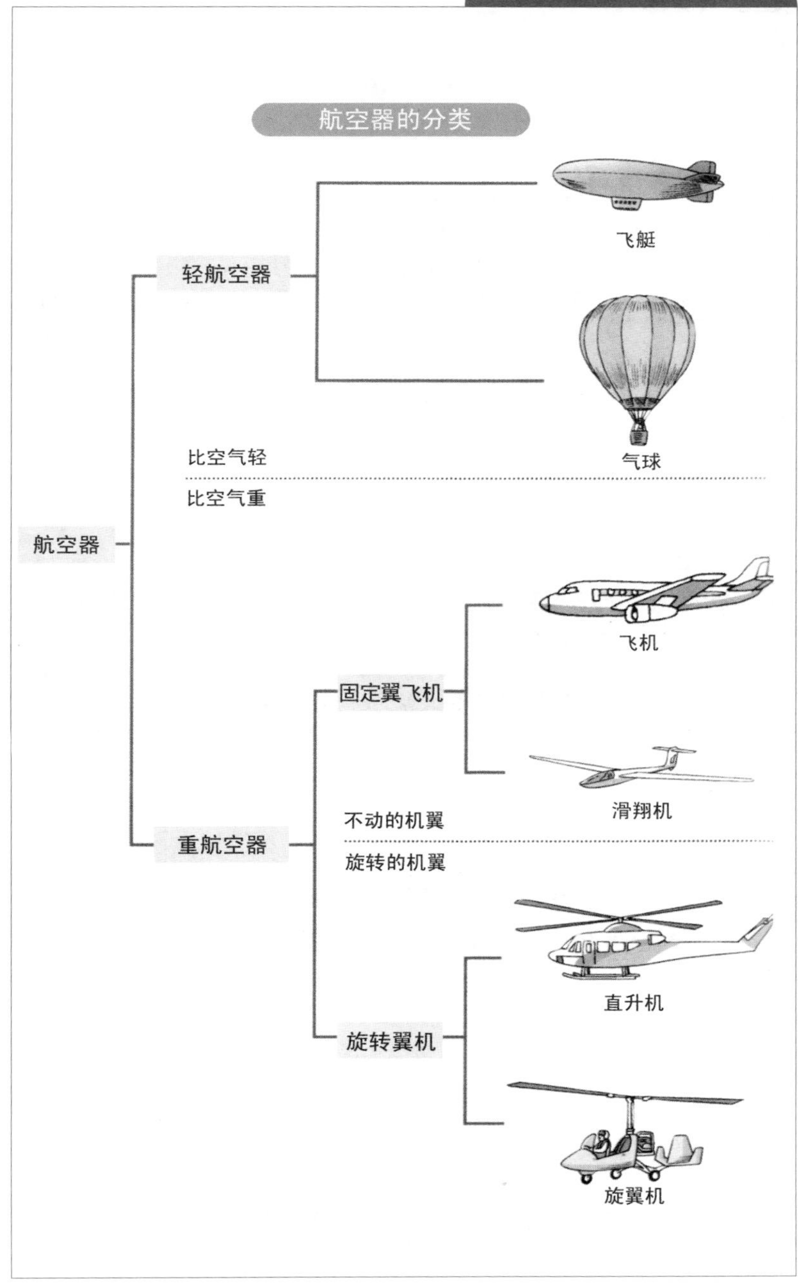
航空器的分类
航空器
轻航空器
飞艇
气球
比空气轻
比空气重
重航空器
固定翼飞机
飞机
滑翔机
不动的机翼
旋转的机翼
旋转翼机
直升机
旋翼机

1.2　如何实现空中飞行

对飞鸟等飞行高手进行简单模仿是愚蠢之举

只要能在空中飞行，即使不配置特殊的道具，也能安全地从高高的悬崖上飞降而下。若经过助跑的飞落过程还能实现水平方向的移动，此时的轨迹便是抛物线。实际上，由于受空气阻力的作用，其轨迹与抛物线会略有差异。

自然界就存在利用空气的阻力移动的动物，森林中的飞鼠便是其中之一。飞鼠的皮肤发达，连着前后两肢的膜一旦打开，犹如张开的伞叶。飞鼠在落下的同时获得升力，从而可方便地向相邻的树木等移动。据说，该膜就是翼的原始形态。在降落过程中，空气流对翼产生的升力抵消部分重力，许多鸟都是以这种方法飞行的，人造的滑翔机也基于同样的道理。

像飞鼠这种只能使下落延长的飞行及风筝的飞行受到诸多限制。例如，不能从平地起飞，在无上升气流的无风状态不可能维持一定的高度等。

许多鸟和昆虫靠翅膀获得前进的力（推力）和浮力（升力），从而能在空中自由自在地飞行。从前，梦想在空中自由飞翔的冒险家曾经做出过酷似鸟翼的机构，但试飞都以失败告终。人们得出的结论是“制作像翅膀那样的，能支持超过 50kg 人体体重的翼是不可能的。”(随着材料和控制技术的发展，扑翼无人机已经研制成功。）鸟经历长期的进化过程，不仅形成巧妙的翼，而且具有得天独厚的身体：结实而中空的骨骼、强有力的肌肉，使它能高效率动作，既轻盈又强韧。但即使像白天鹅这种大型鸟类，其体重也不过 10kg 左右。

千百年来，无数先驱的飞行之梦始终未能实现，直到 20 世纪，情况才发生了变化。仅经过百余年，数百吨的机体也能直入云霄，而且飞行速度远非鸟类所比。

本节重点

（1）利用空气阻力在空中移动的飞鼠。
（2）简单模仿鸟的飞行之梦未能实现。
（3）人类仅经过 100 年就能使数百吨的机体在空中飞行。

鸟靠扇动双翅在空中飞行

按人体质量50kg计，即使人生双翅也难以飞行

乘着气流在空中滑行

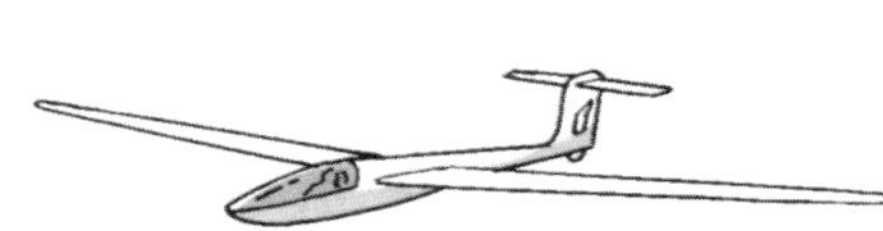

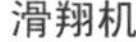

滑翔机

在空中滑翔的鸟

边飞行边落下

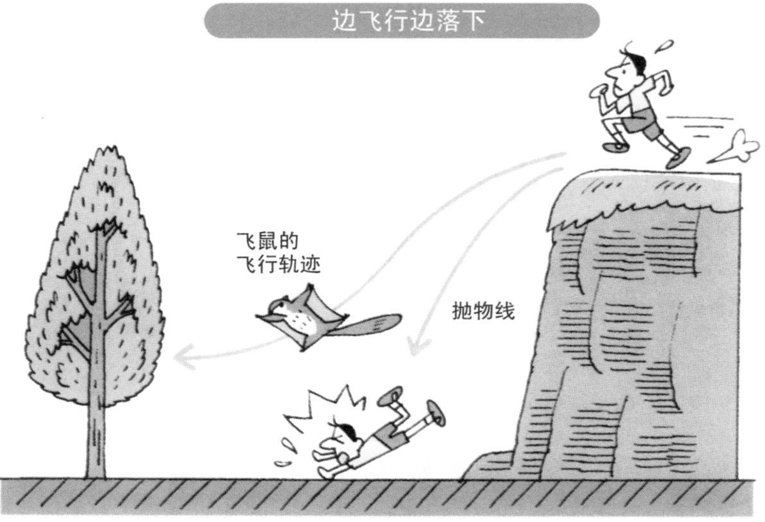

1.3 飞机的诞生

莱特兄弟的“飞行者 1 号”是人类最初的飞机

最早制成飞机的，公认是美国的莱特兄弟。经营自行车商店的威尔伯·莱特（1867.4.16 ~ 1912.5.12）和奥维尔·莱特（1871.8.19 ~ 1948.1.30）二人经过长期研究，于 1903 年 12 月 17 日在北卡罗来纳州实现了历史性的飞行。当日的第一次飞行只有 12s，最长的第四次飞行也只有 59s，都是很短的飞行。但这一极短的飞行意义匪浅，因为“飞行者 1 号”已具备现代飞机的基本要素：包括产生推力的强力引擎和螺旋桨，产生升力的非扇动机翼，另外”飞行者 1 号“还有必要的操作系统。

莱特兄弟二人得以成功飞行的因素有几个：一是采用了单位重量输出功率高的汽油发动机；二是开发出了效率高的螺旋桨；三是备有使飞行按人意愿进行飞行的操纵装置；四是此前进行过多次利用滑翔机的飞行训练，并已获得准确的操纵技术等。

自从飞机发明以后，它便日益成为现代文明不可缺少的交通工具。

1909 年，冯如制造出第二架飞机并试飞成功，成为中国第一个飞机设计、制造师和飞行家，被誉为“中国航空之父”。

本节重点

（1）“飞行者 1 号”是最早的有人飞行。

（2）固定翼 + 强力发动机 + 操纵系统是飞机的基本要素。

达·芬奇提出的飞机构想

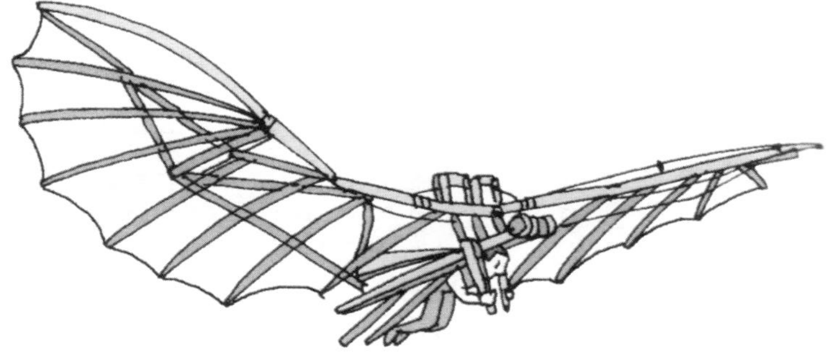

模仿飞鸟，上下扇动机翼，由此获得必要的升力和推力

莱特兄弟（美）的“飞行者1号”——已具备现代飞机的基本要素

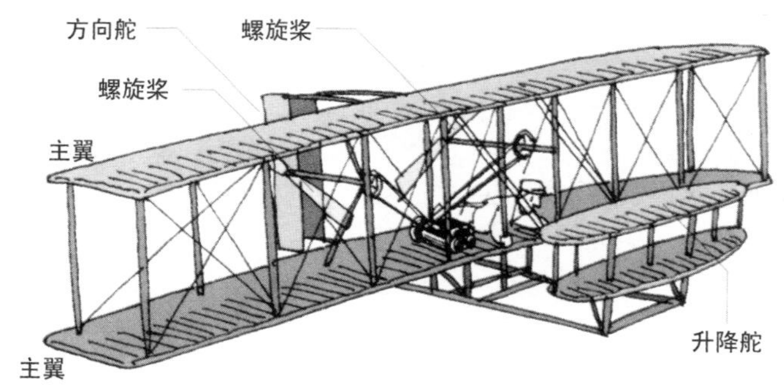

包括产生推力的强力引擎和螺旋桨，产生升力的非扇动机翼，还有必要的操作系统

1.4 飞机的构成

飞机的必要条件

飞机是由机身、机翼、尾翼、起落装置、发动机这五大部分组成的。机身起着搭载驾驶员和乘客、载物、组合其他部分的作用。机身需要精细设计，在获得舒服的室内环境、足够的搭载量的同时，飞行中的空气阻力要尽可能小。

机翼的作用是在飞行中产生必要的升力。机翼在具有小的空气阻力的前提下，在飞行中要产生足够的升力，具有承受飞行中载荷的强度，而且本身的重量要轻。机翼中具有控制机体摇晃的辅助翼（aileron），起飞、着陆及低速飞行用的高升力副翼（flap）装置，而且燃料箱也多布置于机翼中。

机体尾部一般布置有水平尾翼和垂直尾翼，以保证飞行中的稳定性和可操纵性。水平尾翼中布置有升降舵（elevator），垂直尾翼中布置有方向舵（rudder）。

起落装置具有能平稳地在地上移动，保障起飞、着陆安全的功能，一般采取三轮车的方式布局。对于低速飞行的小型飞机来说，从简略化和轻量化考虑，采用固定方式的居多，而对于高速飞行的喷气式客机来说，为了减少空气阻力，主要采用在飞行中将起落装置收纳于机身内的方式。水上飞机的浮筒（float）及雪上可以起落的雪橇（ski）也属于起落装置，还有用于直升机的，称为滑橇（skid）的不带车轮的起落装置。

发动机的作用是为飞机提供必要的推力。若做大的分类，有往复式发动机和喷气式发动机两种，采用发动机的数目有的是 1 个、2 个或 4 个，多的甚至有 8 个。往复发动机中利用螺旋桨，使其像风车那样旋转而产生推力。喷气发动机通过燃料燃烧的废气向后方排出，从而产生相反方向的推力。

本节重点

（1）飞机由 5 大部分构成。
（2）产生升力的固定翼。
（3）产生推力的发动机。

飞机的构成

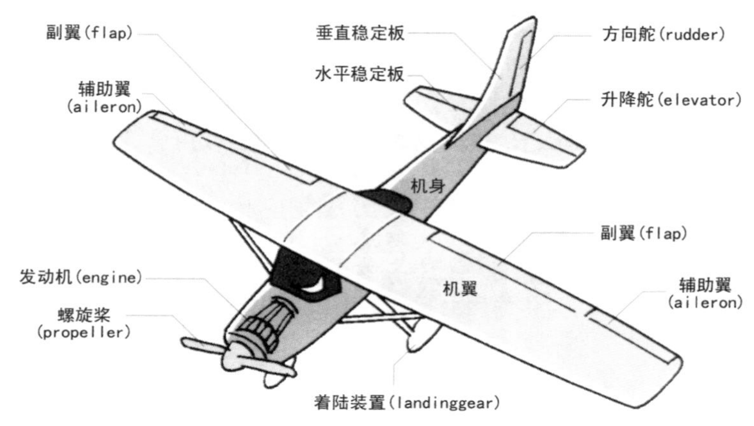

小型机

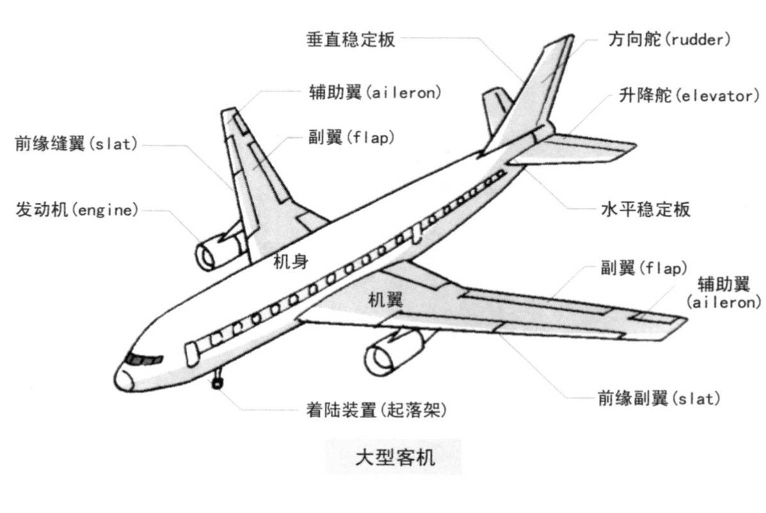

大型客机

1.5 牛顿三大运动定律

需要考虑力和运动

航空器之所以能在空中飞行，可以通过力的作用加以解释。说明物体运动与受力关系的力学基础是物理学家艾萨克·牛顿（1647 ~ 1727）发表的著名运动三定律。

牛顿第一运动定律：静止中的物体只要不受力的作用，则继续保持静止状态；运动中的物体只要不受力的作用，则继续保持运动状态。

牛顿第二运动定律：物体上受力的作用，在受力方向上获得加速度。该加速度与受力的大小成正比，与物体的质量成反比。

牛顿第三运动定律：对于所有的作用力，都有大小相等、方向相反的反作用力，作用力反作用力成对出现。

牛顿第一定律又称惯性定律，论及的是力不作用于物体（或物体受力平衡）情况时的运动。静止的物体只要不受力的作用，就不会运动。如果不受空气阻力和重力的作用力，飞机即使关掉发动机，也能笔直地继续飞行下去。

牛顿第二定律论及的是有力作用于物体的情况。如当脚踩自行车踏板使轮胎转动，由于有力作用于行进方向，从而产生加速度，速度不断提高。给力越大，加速度越大；相同的给力，自行车质量越大，加速度则越小。

牛顿第三定律论及的是在有力作用的情况，会在相反方向产生大小相等的作用力。例如，大炮发射炮弹时，为使炮弹飞出需要力的作用，与此同时，与该力大小相同的力会作用于大炮本身。作用于该大炮的力称为反作用力。作用力与反作用力必定成对出现。

本节重点

（1）运动的变化必有力的作用。

（2）力等于加速度 × 质量。

（3）有作用力必有反作用力。

牛顿三大定律

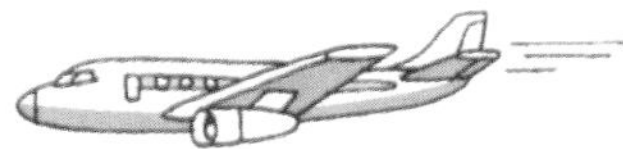

运动之所以发生变化，肯定是某些力作用的结果

假如没有空气阻力和重力作用，若关闭发动机，飞机可能远航？

牛顿

牛顿第一定律——惯性定律

要使更重物体的运动发生变化，就需要更大的力

牛顿第二定律——动量定律

作用力和反作用力大小相等，方向相反，成对出现

牛顿第三定律——作用力和反作用力

1.6 空气的质量、密度和压力

没有空气飞机难以飞行

飞机正是巧妙地利用了空气的性质，并对其产生的力进行有效控制才得以在空中飞行。尽管我们日常生活都在空气的包围下，须臾不可离开，但是对于这种无色透明的存在或许并无感觉。

意识到空气的存在，可能是在有风吹起时。特别是在强风之下，受风的作用力作用，人有时前进都变得很困难。如同水、岩石、金属等那样，空气也是有质量的。在常温、一个大气压下，$1m^3$ 的容器中所存在空气的质量，大约为 1.2kg。具有质量的空气的运动，当然要服从牛顿运动定律。

空气中存在压力。构成空气的分子平常在空中无规则地飞行并发生弹性碰撞。这种碰撞力便是压力之源。单位面积上单位时间碰撞的空气分子数越多，则压力越高。当密闭的容器容积变小时，密度增大，单位面积上与器壁碰撞的空气分子数增多，从而压力升高。另外，若温度升高，空气分子热运动增加，则分子碰撞器壁的速度加快，压力也会升高。

我们在大气下生活，身体自然受到大气压的作用。在一个大气压下，边长为 10cm 的立方体所受到的空气压力相当于承载 100kg 锤子的重量。但是，我们日常生活中并未感觉到压力的存在，这是由于压力来自四面八方，彼此相互抵消所致。这种压力称为静压。

空气作为块体而作用时，会产生大的力作用。这种情况，也是微观的由空气分子碰撞器壁而产生的力。这种压力称为动压。

本节重点

(1) 空气也有质量。
(2) 气体压力之源是分子的运动。
(3) 压力中包括动压和静压。

空气何以产生压力

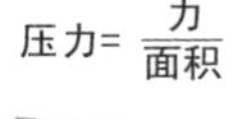

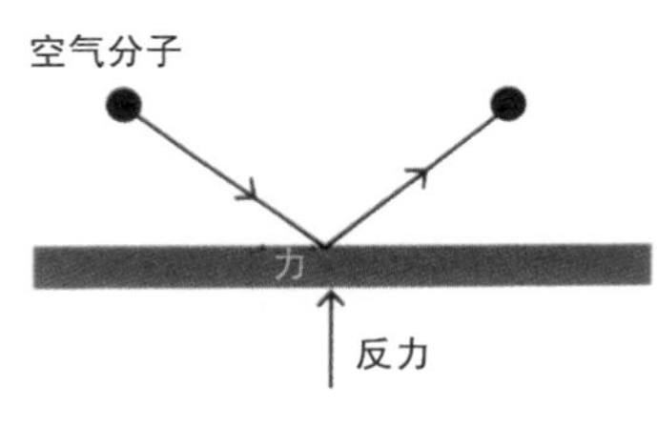

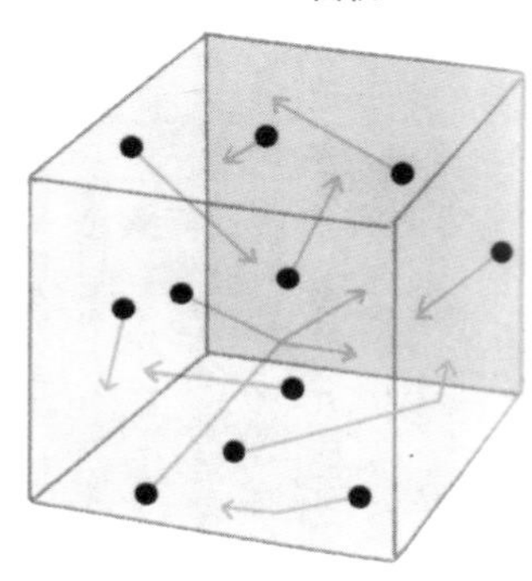

空气压力的本质是构成空气的分子对器壁碰撞的结果

体积、质量、密度、压力间的关系

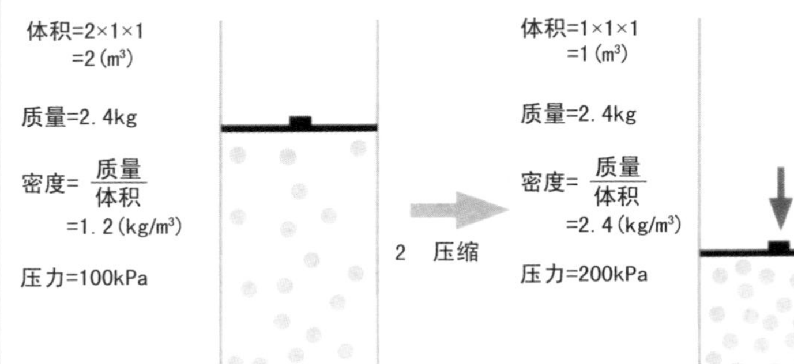

在空气不逃逸的情况下，若使其体积变为1/2，则密度变为2倍，压力变为2倍

1.7 流动空气的动压和静压

飞机飞行离不开流动的空气

使用自来水软管，可以做成水喷头。捏紧软管的端部，水流变急，则水喷得更远。对于像水这种即使流道变窄，体积也不会收缩的流体，具有流道越窄流速越快的性质。称此为非压缩性流体中的连续性法则。

即使流动中压力变化，但体积基本不变的流体称为非压缩性流体。

只要流速在声速以下，空气也可以按非压缩性流体处理。称作文丘里管（Venturi throat）的流道如果依次变窄，使空气在其中流动，空气也遵从连续性法则，流速会变快。随着流速变快，面向流动方向的面上所受到的动压当然变大。

喷气发动机的涡轮，采用与自来水软管端部被捏紧相同的原理，使空气出口喷嘴变窄，冲击涡扇的空气流速大大提高。

对于非压缩性流体来说，动压与静压之和是一定的。称其为伯努利（Bernoulli）定理。流道变窄、动压上升，面向流动的不分方向的压力（静压）下降。

过去喷雾采用的方法就是利用上述伯努利定理，使水吸上并使其喷为雾状。如图所示，取吸管的中段，用小刀切开一道缝并保持两部分相连。再用小刀倾斜地削去上部分的二分之一，弯成直角，便构成简单的实验装置。当口吹吸管时，由于弯折吸管出口的静压低，从而水被吸上。压力差变成使水上升的力。

飞机的机翼也是通过在翼型和相对于空气流的方向等方面采取措施，使机翼上面的空气流流速加快而产生升力的。

由此，请读者记住，随着空气的流速加快，静压会逐渐下降。

本节重点

（1）非压缩性流体的两个重要定律。
（2）流道变窄则流速增加。
（3）流速增加则静压变低。

对连续性定律和伯努利(Bernoulli)定理的体验

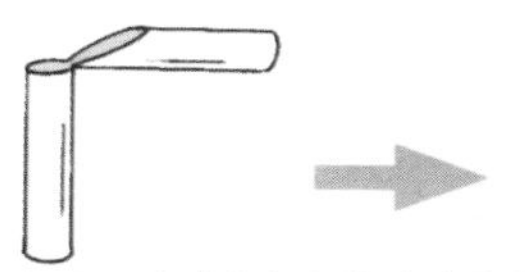

将管子切去一部分且弯成直角便构成喷雾管

用自来水浇花时，若捏紧软管则水流速更快，喷得更远

若用力吹，水被吸上且变成雾状喷出

与水不可压缩相比，空气受力作用体积容易发生变化。但是，流动的空气只要流速在声速以下，可以视为非压缩（变化）性流体

连续性定律

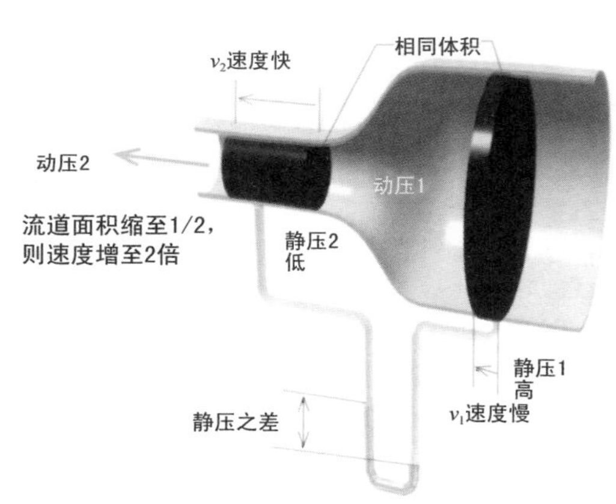

伯努利定理

随着速度上升，动压变高，静压变低

动压1+静压1=动压2+静压2=常数

静压+动压=全压

$$动压=\frac{1}{2}\rho v^2$$

ρ：流体的密度（非压缩性流体密度不变）

v：流速（若速度增至2倍，则动压提高至4倍）

1.8 作为飞机飞行性能比较基准的“标准大气”

空气千差万别，性能决定于状态和参数

目前许多国家都能制造飞机，这不单单是为了竞争的目的。而且为了研究、开发，需要对各种各样的飞机的性能进行比较。但是，单靠飞行距离及升限等测定数据进行简单的比较很难判断性能的高低。这是由于飞机飞行所利用的空气的温度、压力、密度、声速等，依场所、时间不同都会有大的变化。即使陆地上的选手进行赛跑，暑热的夏天跑、凉爽的秋天跑、在高地跑、在海边跑等，成绩都会有差异，更何况是飞机。飞机的性能也因气温、气压、湿度等不同而有非常大的变化。

因此，作为基准的大气的状态，被确定的是标准大气压。在初期，由于各国和组织都使用不同的标准大气压，而产生各种问题，在 1950 年 ICAO（国际民用航空组织）征求加盟该机构的各国的意见，在此后的 1952 年，制定了国际标准大气。ICAO 所制定的国际标准大气，按以下的标准定义：

完全干燥的气体（湿度为 0）；

海平面上的气压为 1013.25Pa，汞柱高 760mm（一个大气压）；

海平面上的空气密度为 1.2250kg/m^3；

温度降低率为，每上升 100m 减少 0.65℃（在达到 −56.5℃以后，不再变化）。

通过制定这些基准，各种高度下的密度及声速等便可由关系式导出。标准大气是假想的大气状态，实际上与之不差分毫的大气状态是没有的，但通过标准大气就可以将飞机的飞行性能进行换算，在同一标准下就可以简单地实现对各种飞机性能的评价。

本节重点

（1）飞机的性能随空气的状态而变化。

（2）空气的状态依时间和场所不同而变化。

（3）作为基准的空气状态已有明确规定。

即使同一架飞机，不同高度下性能也不一样

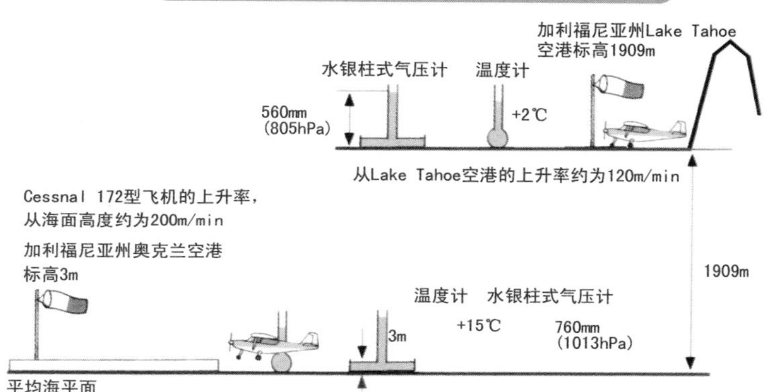

气压与高度的关系

标高/m：16000、14000、12000、10000、8000、6000、4000、2000、0

气压/hPa：0、200、400、600、800、1000、1200

珠峰

平流层

对流层

标准大气（压）表

高度/m	气压/hPa	温度/℃	密度/(kg/m³)	声速/(m/s)
0	1013.250	15.000	1.22500	340.429
1000	894.745	8.500	1.11160	336.567
2000	794.952	2.000	1.00650	332.529
3000	701.085	-4.500	0.90912	328.578
4000	616.402	-11.000	0.81913	324.579
5000	540.199	-17.500	0.73612	320.529
6000	471.810	-24.000	0.65970	316.428
7000	410.607	-30.500	0.58950	312.273
8000	355.998	-37.000	0.52517	308.063
9000	307.424	-43.500	0.46635	303.793
10000	264.362	-50.000	0.41271	299.463
11000	226.320	-56.000	0.36392	299.069
12000	193.330	-56.000	0.31083	299.069
13000	165.104	-56.000	0.26548	299.069
14000	141.018	-56.000	0.22675	299.069
15000	120.445	-56.000	0.19367	299.069

1.9　英寸（in）和磅（lb）

要注意单位间的换算

在学习航空技术时，对早期使用的单位往往会感到十分困惑。正式出版的专业教科书、手册、指南及论文等数不胜数，但在谈到飞行距离时往往用英里（mile），在谈到飞机部件长度时往往用英寸（in），在表示重量和力时多用磅（lb）。不仅在文献等中，在仪表的刻度盘、显示器的显示屏、游标卡尺乃至螺旋测微计等中也都使用英制单位。

国际民用航空组织（ICAO）确定的标准大气压原本也是采用英寸•磅系的英制单位。在航空业界，不管是否还使用英寸•磅系的英制单位，都有必要熟悉单位制间的换算。

人们使用的单位，随时代、国家、地域的不同可能各不一样，而使用英里及英寸•磅这些单位的是以英美为中心的英语圈体系。如果不同国家、地域所使用的单位不同，对于人、物、信息在世界范围内高速流动的时代必然会带来不便。因此，以统一国际上的单位为目的，国际度量衡总会于 1960 年，在 MKSA 单位制的基础上，汇总了“米制化法”的单位制，确定了国际单位制（SI）。现在，国际单位制在许多国家、许多领域已经普及使用。但无论怎么说，在航空业界，使用英寸•磅系的仍未销声匿迹。

第二次世界大战后，航空业界长期由美国占统治地位，美国人开始对采用国际单位制并不积极，再加上航空业界对于“变更”持极为慎重的态度，造成目前这种单位制并未完全统一的局面。

本书中基本上使用国际单位制加以论述。图中给出常用单位换算表。

本节重点

（1）写出国际民用航空机构的缩略语。
（2）介绍国际航空业界采用单位制的现状。

航空常用单位换算表

长度	米 m	英寸 in	英尺 ft	
	1	39.37	3.28	
	0.0254	1	0.0833	
	0.305	12	1	
距离	千米 km	英里 mile	海里 nmi	
	1	0.621	0.54	
	1.609	1	0.869	
	1.852	1.151	1	
速度	米每秒 m/s	千米每小时 km/h	英里每小时 mile/h	节(knot) kn
	1	3.600	2.237	1.944
	0.278	1	0.621	0.540
	0.447	1.609	1	0.869
	0.514	1.852	1.151	1
力	牛顿 N	千克力 kgf	磅力 lbf	
	1	0.102	0.225	
	9.81	1	2.20	
	4.45	0.454	1	
压力	Pa N/m^2	毫米汞柱 mmHg	标准大气压 atm	lb/in^2 psi
	1	0.00750	9.87×10^{-6}	1.45×10^{-4}
	133.3	1	1.316×10^{-3}	0.0193
	1.0133×10^{5}	760	1	14.7
	6895	51.71	0.068	1

书角茶桌

莱特兄弟的思维突破

若说这世界上有什么创业故事听起来神乎其技，也许非莱特兄弟发明飞机莫属。

之所以说神奇，是因为莱特兄弟的身份与他们达成的目标之间差距实在太大。两个人并非那个时代最顶尖的科技工作者，他们只上到高中毕业就回家创业，靠修自行车谋生。相比于同时代的其他探索者，莱特兄弟并不十分努力：从 1899 年正式着手第一架模型机的制造，到 1903 年一飞冲天，仅仅花了不到 5 年时间，进行了几百次试飞就成功了。

这个速度实在令他们的竞争者汗颜。要知道，在整个 19 世纪后半叶，发明比空气重、且自带动力的飞行器可是个热门项目，多少人用尽毕生的时间、精力、金钱甚至以生命为代价都未成功。

这里面其实藏着一个至关重要的思维突破。莱特兄弟在着手设计飞机前，先是认真研读了 19 世纪初空气动力学之父乔治・凯利爵士的理论，在彻底弄懂之后，再基于该理论着手设计飞机。所以，你会发现一个很有趣的现象——莱特兄弟的飞机是同时代所有设计中最不像鸟的。

更了不起的是，即使有了这样靠谱的设计，莱特兄弟依然没有草率地试飞：他们十分超前地想到了先打造一个风洞，并在其中进行了上千次实验，在风洞实验成熟后，才在自然环境下试飞。这个思路又为他们节省了时间，并且大大降低了风险。

决定莱特兄弟成功的关键，其实是那些常为人所忽视的“小品格”：勤奋之前的理性、勇敢之前的谨慎、拼搏之中的勤于思考。

第2章

航空力学基础

2.1 作用于飞机机体上的四个力
2.2 阻碍前进的力——阻力
2.3 机翼与升力
2.4 升力的操作与失速
2.5 飞机的轴和运动
2.6 保持平衡飞行的“稳定性”
2.7 依使用目的不同而异的“操纵性”和“运动性”
2.8 与发动机推力相关的“上升”
2.9 使飞机的行进方向左右变化的旋回
2.10 左右飞行经济性的巡航
2.11 阻力发生最小同时升力增加的起飞
2.12 升力与阻力最大限度增加的着陆
2.13 高速飞行——超越声速和冲击波问题
2.14 重量和重心

书角茶桌

应急弹射装置和降落伞

2.1　作用于飞机机体上的四个力

重力、升力、阻力和推力

作用于飞行中飞机上的力主要有四个，即重力、升力、推力和阻力。

重力：按万有引力定律，飞机受到向着地球的引力的作用，表现为飞机的重量。对于空中飞行的飞机来说，机体受到向地面降落的力（重力）的作用。

升力：尽管受重力作用，飞机仍能浮于空中的原因是存在与重力方向相反，并抵消重力的力作用，这便是升力。飞机的升力主要由机翼产生。对于水平飞行的飞机来说，升力大小与重力相同。

阻力：对于力求前进的机体，存在使其向后的空气阻力。

推力：使飞机向前进的力。在飞机中由发动机产生。如果产生与阻力大小相同的推力，则飞机等速飞行。

由于力具有大小和方向，因此通常由箭头表示。称其为矢量标示。箭头所指方向表示力的方向，箭头的长度表示力的大小。

在等速水平飞行时，重力与升力方向相反、大小相同，阻力和推力方向相反、大小相等。四种力两两相互抵消，总体上看，属于不加力，即服从惯性定律的运动。此时是在箭头的方向不变的情况下的移动。各个箭头的终点即是其他箭头的起点。其结果，构成一个长方形。

这样，当箭头的起点与终点依次相连时，最后的箭头的终点到达最初的始点，受力处于平衡状态，机体处于惯性运动中。

重力以外的力是由于流动的空气所产生的力。飞机正是巧妙地利用了流动空气的性质而实现飞行的。

本节重点

（1）水平等速飞行时升力与重力平衡。
（2）水平等速飞行时推力与阻力平衡。
（3）平衡破坏则导致运动发生变化。

作用于机体上的四个力

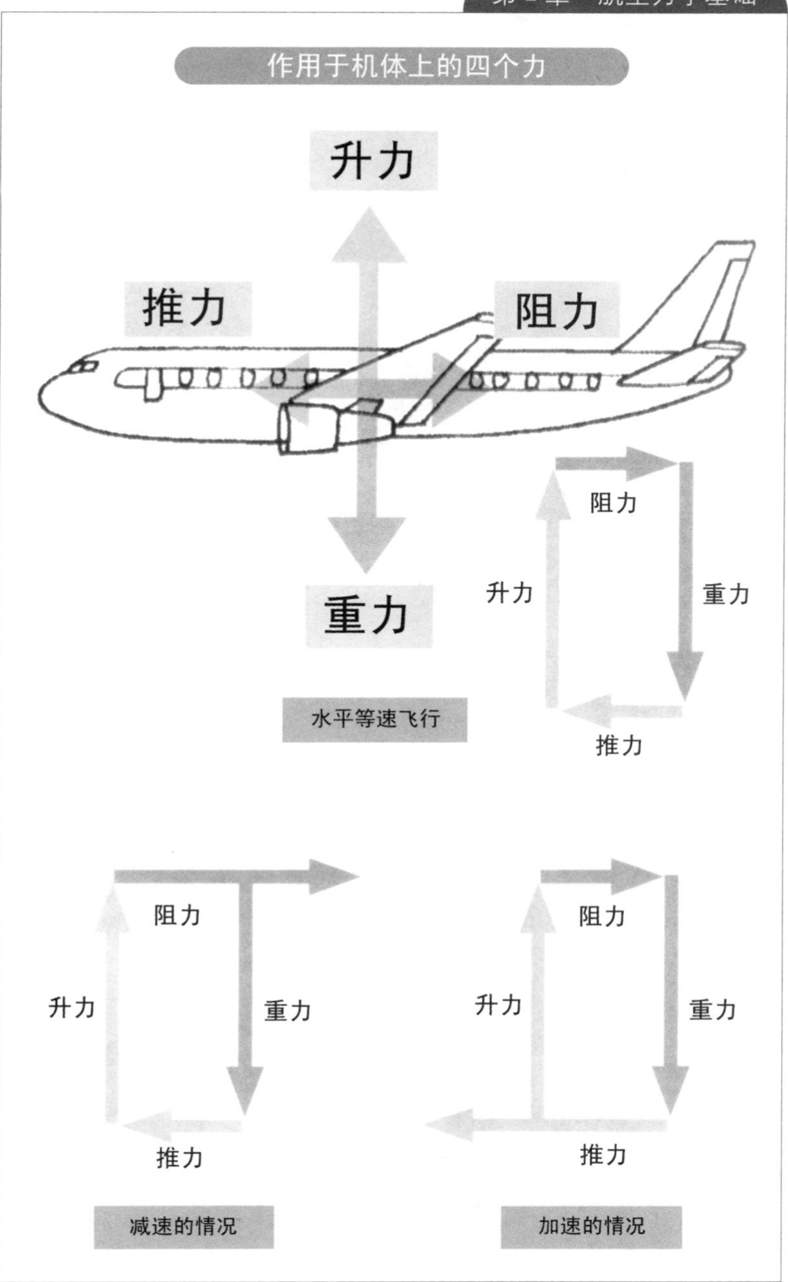

2.2 阻碍前进的力——阻力

如何减少空气阻力

所谓阻力，是由于飞机穿过空气飞行时，机体受到空气妨碍前进的作用力。如果阻力大，由发动机产生的用以抵消阻力的推力则必须大。因此，要设法尽可能减小阻力。

在阻力中，有压力阻力、摩擦阻力、诱导阻力三种类型。

压力阻力：阻力中最大的一种。与我们乘自行车及摩托车时从前方受到的力相同。也与向着风立起一块板时受到的力相同。也就是说，由于空气的动压所受到的力。为了使这种压力阻力尽可能小，不妨碍流动是十分重要的。如图中所示，水滴横向放置的情况下压力阻力是最小的。飞机的机身为了搭乘更多的乘客及装载更多的货物，在具有水滴形外形的同时，中间做成圆筒状。

摩擦阻力：空气与机体摩擦产生的阻力。由于空气没有很高的黏度，因此，摩擦阻力远没有压力阻力那么大。而且，借由对机体等部位进行细致的研磨，可以使摩擦阻力减小。压力阻力和摩擦阻力都会因相对于空气流的方式而发生很大变化，故总体称其为形状阻力。

诱导阻力：因机翼端部的涡流而产生的力。飞行中机翼的上面静压低，下面静压高。空气会从压力高的一方，向压力低的一方流动。因此，在机翼的端部会产生从下向上回流的空气流，这便是涡流。像滑翔机那样要求具有高的滑空性能的飞机，为了达到诱导阻力小的要求，翼端要细，而且为了使机翼面积大，多采用细长翼。

本节重点

（1）飞机在空气中前进受到上述阻力。
（2）声速以下主要考虑压力阻力和诱导阻力。
（3）流线型对飞机十分有利。

压力阻力

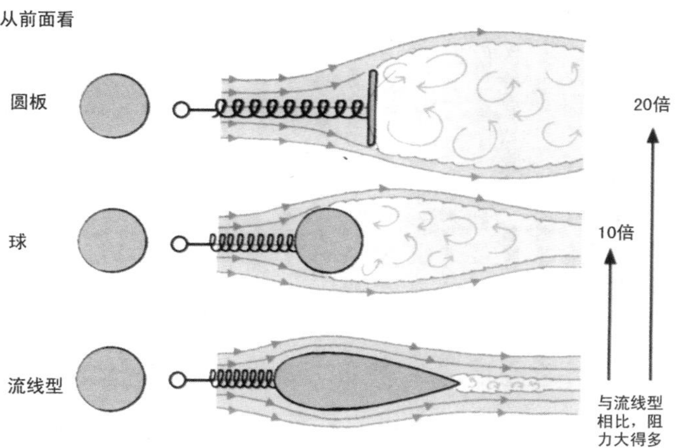

诱导阻力

借由翼尾（小翼）采取措施，可减小诱导阻力

有翼尾（小翼）的情况

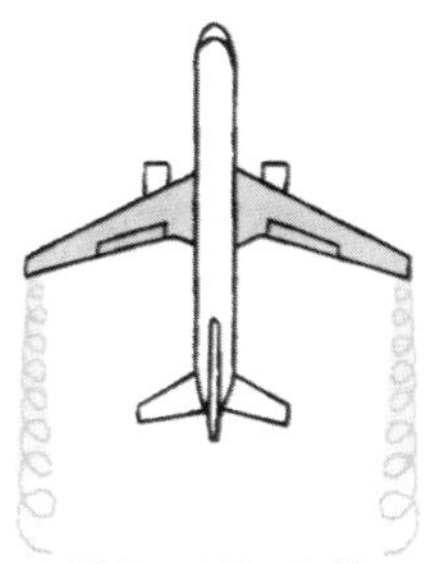

无翼尾（小翼）的情况

2.3 机翼与升力

获得浮力的措施

利用流动的空气获得升力的简单方法，是采用平板对着风稍微向上保持一定角度。平板受到风的作用，对于支撑板的人来说，会感到板子有向上而且略向后的推力作用。该力垂直向上的分力称为升力，水平向后的分力称为阻力。该力的大小随着风的速度变化及板的角度变化而增减。机翼相对于风的角度对于升力极为重要，称其为迎角。这样看来，操作升力的大小是飞机操作的第一步。

若采用薄板翼，由于强度不足难以支撑大的升力。相对于空气流方向的机翼的截面形状称为翼型，选择翼型的标准是，在确保强度的同时，还要采取措施使空气流不发生紊乱。为了保证强度，需要有一定的厚度，但仅是单纯地加厚难以期待获得圆滑的空气流，致使阻力变大。为了减小阻力，需要设法使流向周围的空气不发生紊乱。为此，要使机翼的后侧（后缘）变尖，从而不会在机翼的后方形成空气的涡流。

对于机翼的前侧（前缘）来说，为了保证即使迎角变化，也能形成平滑顺畅的空气流，一般取圆滑的而不取尖锐的形状。而且，借由机翼的上侧和下侧的曲率变化，使空气的流动方向和速度平稳变化，从而得以使机翼上下的压力差有效地发生。据此，以研制成功的NACA4412翼型为例，即使在较低的速度下飞行，也能获得很高的升力。

既有飞行速度慢的小型飞机，也有超声速飞行的喷气式战斗机。依飞行环境不同所要求的性能，以及机翼周围空气的流动不同，因此阻力的发生方式等也是各不相同的。今天已实用的翼型种类繁多。

本节重点

（1）面对风向倾斜的插入板上会受到升力和阻力。
（2）对升力大、阻力小的翼型的探索在持续。
（3）依飞行环境不同采用各式各样的翼型。

通过平板试验便可感受作用于机翼上的升力

与风向略倾斜的平板上感受的力

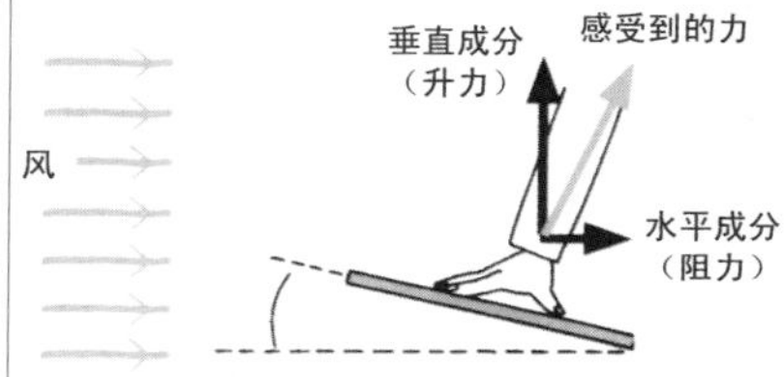

可感受到与风向少许倾斜的平板上作用的力

平板周围空气的流动

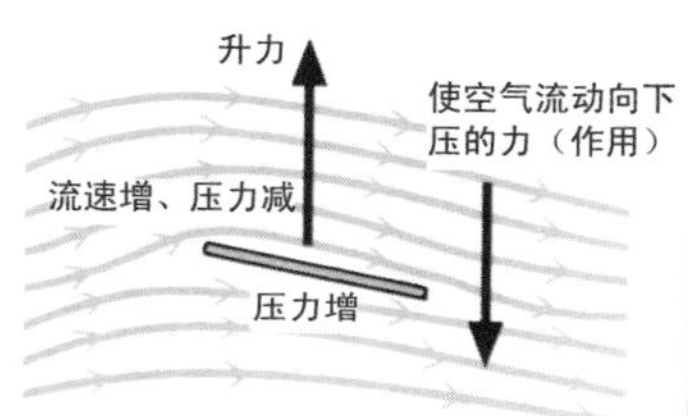

气流发生紊乱

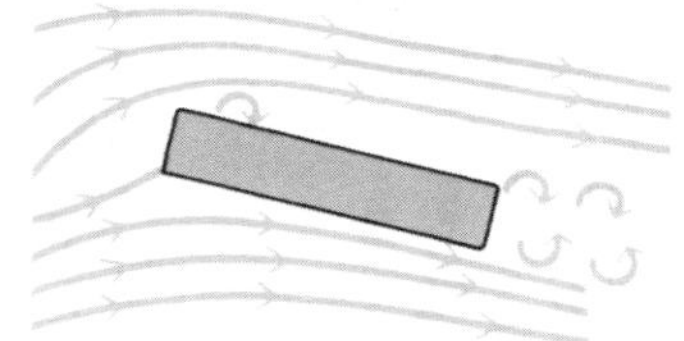

不经加工的长方形厚断面，会产生涡流，升力减小，阻力增大

空气流动不发生紊乱的翼型

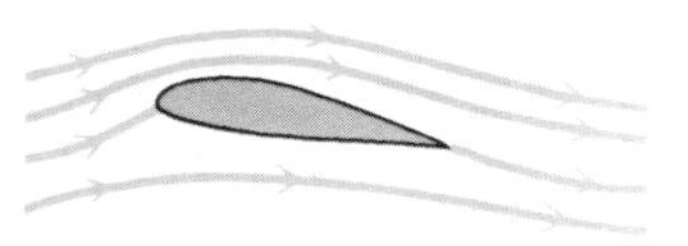

经特殊加工，在确保强度的前提下不使空气发生紊乱的翼型

翼型的实例

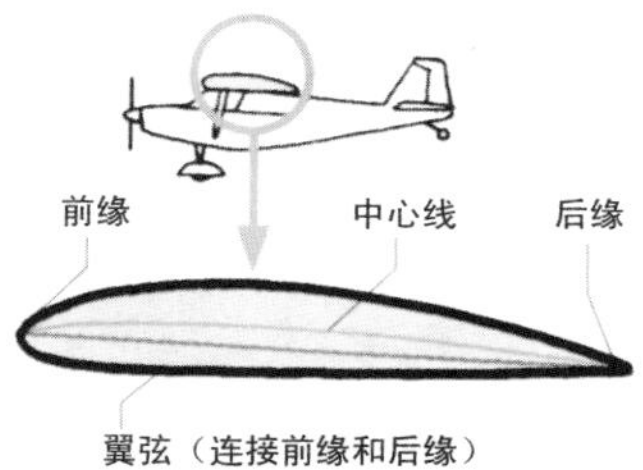

NACA4412 翼型
低速飞行的许多小型飞机中采用

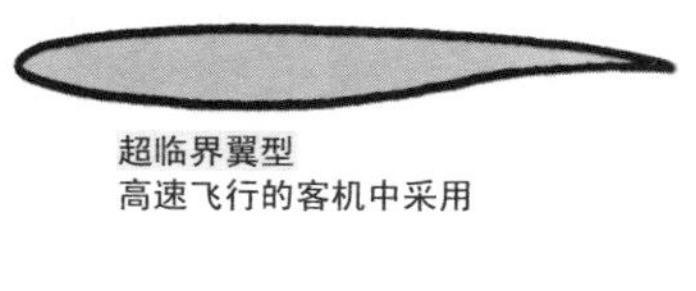

超临界翼型
高速飞行的客机中采用

透镜翼型
超声速飞行的战斗机中采用

2.4 升力的操作与失速

升力的获得和丧失

失速这个词近年来经常在电视、报纸中使用，表示日常的生活节奏（气势）及速度变慢。但是，作为航空用语的失速，却与日常生活用语有所不同。

由机翼产生的升力，与升力系数及机翼面积成正比，与速度的平方成正比。也就是说，机翼面积增加到 2 倍，则升力提高到 2 倍；对气速度增加到 2 倍，则升力提高到 4 倍。

改变升力系数也有可能增加升力。增大迎角（机翼与空气流所成的角度），或使用装备的副翼（flap）等改变翼的形状，可以使升力系数增加。采用大的迎角，升力会增大，即使低的对气速度，也可确保足够的升力使飞机能够飞行。但是，对一般的翼型来说，升力系数的增加仅限于 16°～18°的范围内。

该限制称为临界迎角，在超过临界迎角的状态下飞行称为失速。由于迎角过大，气流不能紧随机翼，从而引起机翼上侧的气流剥离，此时，由于升力系数减少、阻力系数增加，效率变得极差，导致不稳定的飞行。特别是在起飞及着陆等低高度下，伴随失速、升力的急剧减小是非常危险的。为了安全，通常要在相对于临界迎角，有一定裕量的迎角下飞行。

对于飞机来说，依机种不同而异，都设定“失速速度”这一对气速度界限，在该速度以下，不能获得保障飞行高度的足够升力。失速速度，是为了安全而设定的，但并不意味着“只要在失速速度以上就不会失速”。即使在失速速度以上，若迎角过大也会失速。

本节重点

(1) 迎角增大，升力和阻力都会增加。
(2) 迎角增大使升力增加有一定极限。
(3) 超过临界迎角升力会急速下降。

升力的公式

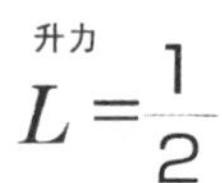

升力 L，空气密度 ρ，速度 V，机翼面积 S，升力系数 C_L

$$L=\frac{1}{2}\rho V^2 S C_L$$

- ρ：空气密度随高度而变化。与海平面相比，10000m高空的空气密度大约为其1/3
- V^2：若飞机速度增至2倍，则升力提高至4倍
- S：若机翼的面积增加到2倍，则升力提高到2倍
- C_L：由机翼的形状及迎角决定

阻力的公式

阻力 D，阻力系数 C_D

$$D=\frac{1}{2}\rho V^2 S C_D$$

- $\frac{1}{2}\rho V^2 S$：此部分与升力的情况相同
- C_D：由机翼的形状及迎角决定

迎角变化下的升力和阻力

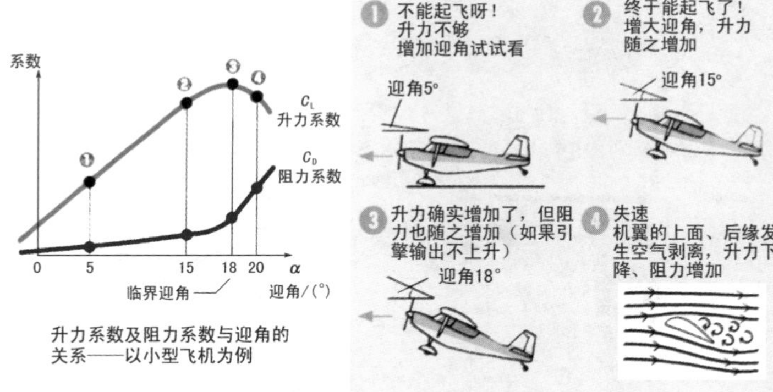

升力系数及阻力系数与迎角的关系——以小型飞机为例

迎角为0°，机翼的翘曲（弧）不同情况下的实例

利用翼型变化提升升力

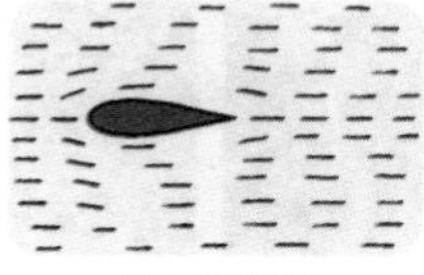

升力系数为0

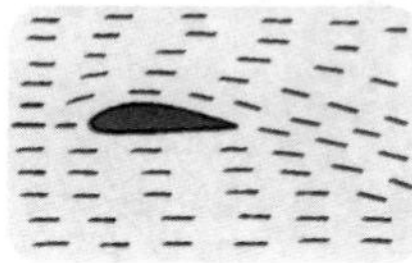

升力系数为0.5

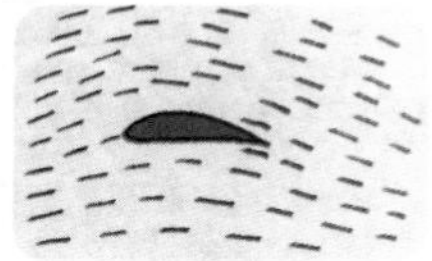

升力系数为3.0

2.5 飞机的轴和运动

三维的轴和飞机的摇晃

飞行中的三个轴及其动作

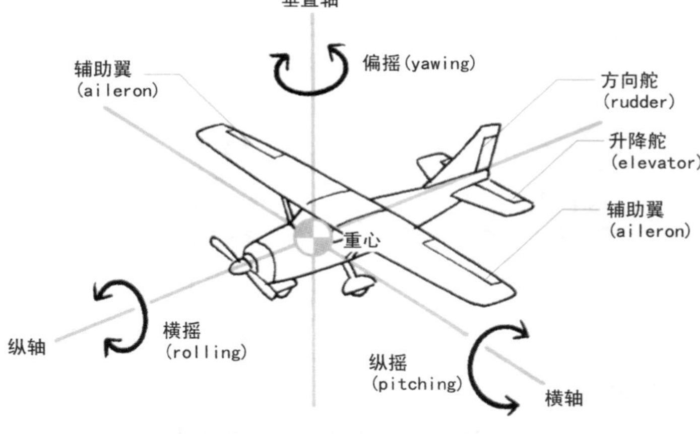

纵摇(pitching)

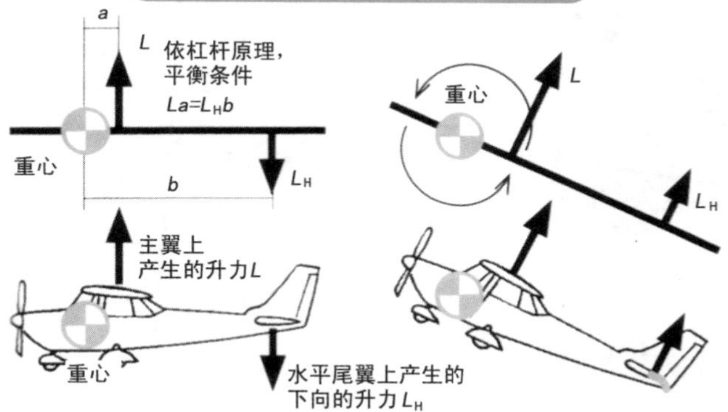

升力作用中心位置与重心位置有若干偏离。对于重心位于前侧的机身来说，机翼的升力有使机头向下的作用，因此在水平飞行时水平尾翼起到平衡作用。
由于从重心位置到水平尾翼的距离长，依据杠杆原理，即使水平尾翼上产生的向下的力小，也能达到平衡。

随着机头上升，水平尾翼的迎角变大，下向的升力变小而变为向上升力。在此力的作用下，机身会自然地返回原来的水平姿势。操纵者要使机头向下时，将操纵杆前推，升降舵下降；要使机头上升时，将操纵杆向胸前拉，升降舵上升。

偏航飞行

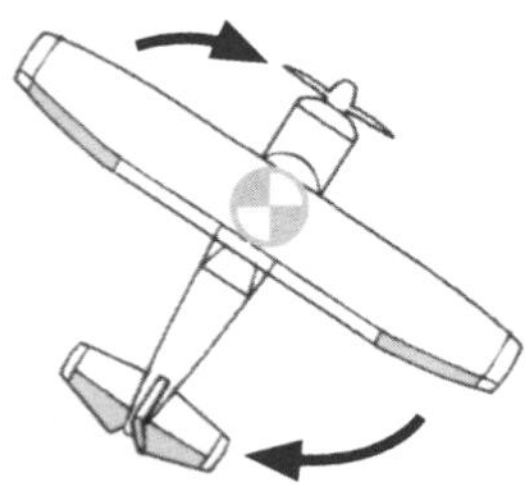

脚踏位于驾驶舱的方向舵踏板，方向舵动作。方向舵向右，垂直尾翼作用左向的力，由于发生以重心为中心的旋转，从而机头向右运动。

滚动飞行

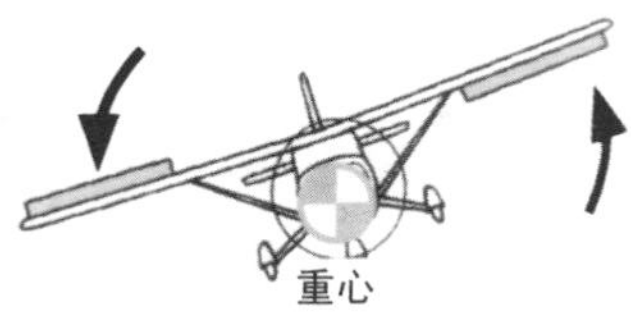

滚动的操作通过操纵杆的左右倒向，或通过操纵轮的左右旋转进行。由于升力不均衡而导致滚动。为使滚动的动作停止，使操纵杆（或操纵舵）位于中立位置即可。

驾驶舱

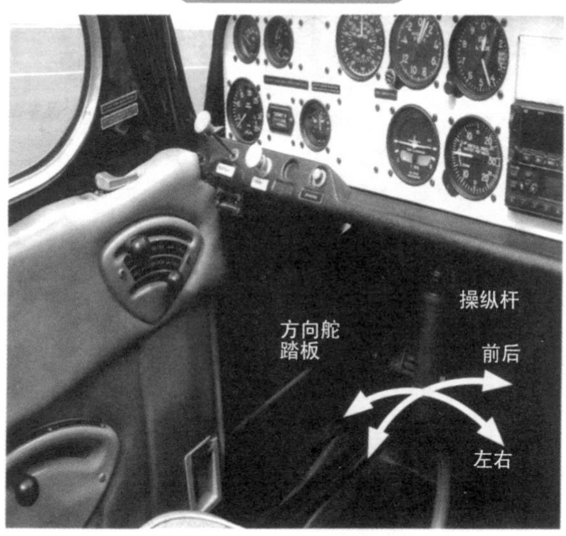

2.6 保持平衡飞行的“稳定性”

飞机达到稳定状态则操纵飞机为一乐

为了通过机翼获得升力，另一个要求的要素是稳定性。例如，稳定行走的自行车就没有必要为了取得平衡而积极地操作。这样，不仅是为了安全性，还有减轻骑行者疲劳的作用。飞机也是同样，假定即使驾驶员操纵杆离手也能继续实现不发生任何变化的飞行，就需要稳定性要素。

表现稳定性的术语，有静稳定和动稳定之分，二者均有正、中立、负的评价。首先，关于最基本的静稳定，如图所示，有由稳定发生紊乱后返回原来状态的（正）、继续保持紊乱状态的（中立）、进一步加大紊乱状态的（负）三种情况。

飞机在上空一定的高度，在保持预定的速度和路线的巡航中，驾驶员提升机头并靠上升气流，飞机开始上升。假如飞机能返回原来的飞行姿势及巡航高度，则被评价为静稳定为正。而若保持继续上升，则被评价为静稳定为中立，而若上升的角度进一步扩大，则被评价为静稳定为负。

动稳定是静稳定为正情况下的表现。即使静稳定为正，并非一定限于平常所希望的那样。飞机返回原来姿势的动作以一定的振幅反复循环，该振幅也有逐渐变大的情况。所希望的是振幅渐渐收窄，返回原来的飞行姿势及巡航高度，这种动稳定评价为正。若以相同的振幅反复，动稳定评价为中立，而振幅进一步加大，动稳定评价为负。

对一般的飞机来说，静稳定和动稳定都为正，这样就大大减少了驾驶难度和飞行中的工作量。而对于有些特技表演机和战斗机来说，特意使静稳定处于中立或负，目的是提高机动性能。

本节重点

(1) 即使手离开操纵杆也能持续相同的飞行。
(2) 静稳定下会返回原来的姿势吗？
(3) 静稳定下返回时振幅会变小吗？

关于“静稳定”

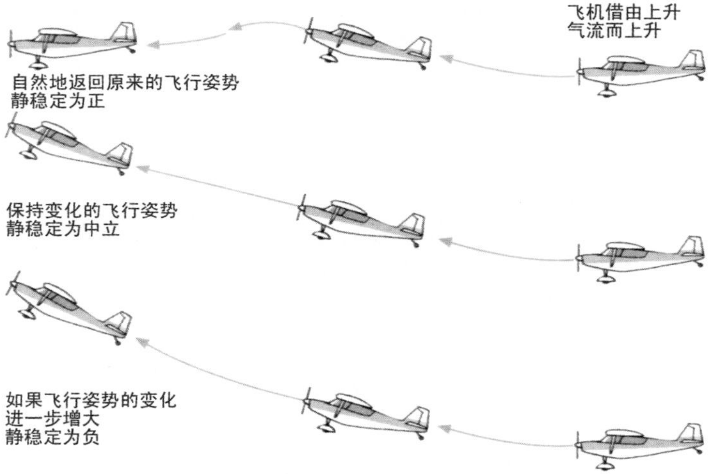

飞机借由上升
气流而上升

自然地返回原来的飞行姿势
静稳定为正

保持变化的飞行姿势
静稳定为中立

如果飞行姿势的变化
进一步增大
静稳定为负

关于“动稳定”

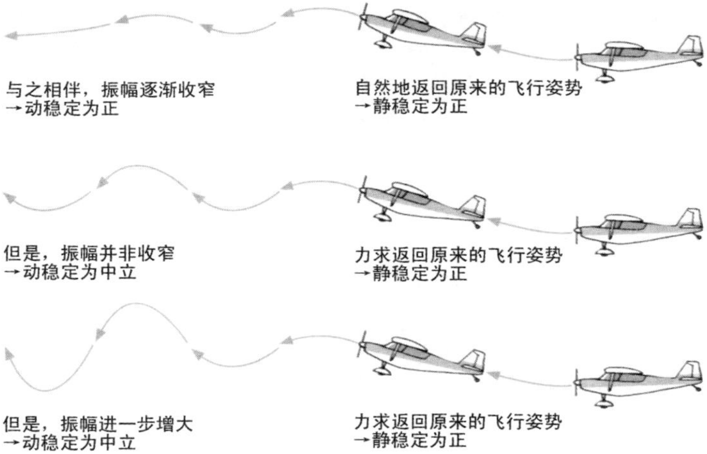

自然地返回原来的飞行姿势
→静稳定为正

与之相伴，振幅逐渐收窄
→动稳定为正

力求返回原来的飞行姿势
→静稳定为正

但是，振幅并非收窄
→动稳定为中立

力求返回原来的飞行姿势
→静稳定为正

但是，振幅进一步增大
→动稳定为中立

2.7 依使用目的不同而异的“操纵性”和“运动性”

操纵者的意思容易传达和实现吗？

稳定性是为保证飞行简易而应具备的性能，但是，过强的稳定性往往带来不便。例如，在超市用购物车购物时，将大量物品装于购物车中，由于重量大、稳定性好，直行时稳稳当当，但要拐弯或停止下来则不太容易。飞机也并非总处于匀速直线运动，还要求起飞、着陆、左右回旋、加速、减速等各种各样的动作，称不阻碍这些运动进行的性能为操纵性。

稳定性和操纵性可以说是相反的两个性能，将哪一个置于重点的平衡，取决于飞机的使用目的。客机及运输机要求高的稳定性和稳妥的操纵性，因此在机体的设计中重视稳定性，而操纵系统的效果设定在必要的范围内相对来说就弱些。这样，就不会出现令乘客惊恐的突然地急回旋，也会减轻机体承受的负担。战斗机和特技表演机要求操纵性，即使针对驾驶员激烈的操作，也能机敏地反应。

运动性类似于操作性，但由于运动性与机体的强度相关，因此所表示的是，即使发生激烈的运动机体也能承受，而且不发生疲劳的性能。战斗机和特技表演机都具有高的操纵性，但二者的运动性却是不同的。战斗机上搭载很多武器，即使激烈运动也不致引起破坏，因此需要强韧性，而且还搭载有非常强力的发动机。对于特技表演机来说，要求在有限的发动机输出下，实现高的飞行技巧，因此，机体尽可能由轻质材料制作。

即使外观上相似的飞机，依机种不同，飞行性能也各不一样，若能乘坐亲身体验，会有不同的发现和感受。

本节重点

（1）稳定性和操纵性是相反的两个性能。
（2）飞机能机敏地反映操纵者的意思吗？
（3）设计者的拘泥和智慧均表现为飞机的飞行特性。

特技飞机（上）和战斗机（下）

具有复叶机型的特技飞机Pitts Special S-2S。主翼由木材和布制作，上下翼由支柱和钢丝补强。

图示为具有高运动性能和强力引擎的喷气式战斗机F-16。针对机身带有很多武器及副油箱，即使进行激烈运动机身也不损坏的极高要求，采用特殊的强韧设计。

2.8　与发动机推力相关的“上升”

为飞行到高的上空必须采取的措施

对于飞机来说，目的是要在空中飞行，因此要求具有良好的上升性能以获得足够的高度。而且从安全角度看，对地面上生活的人及建筑物安全的确保，以及确保与地表间十分安全的高度，也是重要的性能之一。

飞机是作为可自由三维飞行的乘载体而表现的，可在空中存在的无数二维平面上自由选择地飞行。而且在空中可以自由地选择平地及坡道飞行。当然，这些都要限定在飞机性能的范围之内，并非能纵横无尽地任意飞行。

飞机的上升性能与发动机的推力相关。飞机在空中克服空气的阻力而前进，利用该飞行速度在机翼发生升力，使机体保持在空中。因此，要求发动机发生维持飞行速度的推力。由发动机发生的可能的推力称为利用推力，水平飞行时维持飞行速度所必要的推力称为必要推力。必要推力与水平飞行时的阻力值相同。利用推力与必要推力之差为剩余推力，称为欲加推力。飞机通过有效地使用剩余推力，可以实现加速和上升。

为使水平飞行的飞机上升，必须使用剩余推力使推力增加。这同我们骑自行车行走时一样，当上陡坡时，如果采用与此前平地时相同的踏板蹬力，自行车会逐渐减速直至停止。需要加大踏板蹬力，才能骑到高坡。

为使飞机上升要采用两步动作，首先用手向怀里拉操纵杆，使机头稍微上扬（准备上坡），然后提升发动机的推力。上升中的飞行速度较之水平飞行是减小了，但在维持推荐的上升速度下继续上升。

本节重点

（1）飞机上升需要剩余推力。

（2）如何使机头上扬，并提升推力？

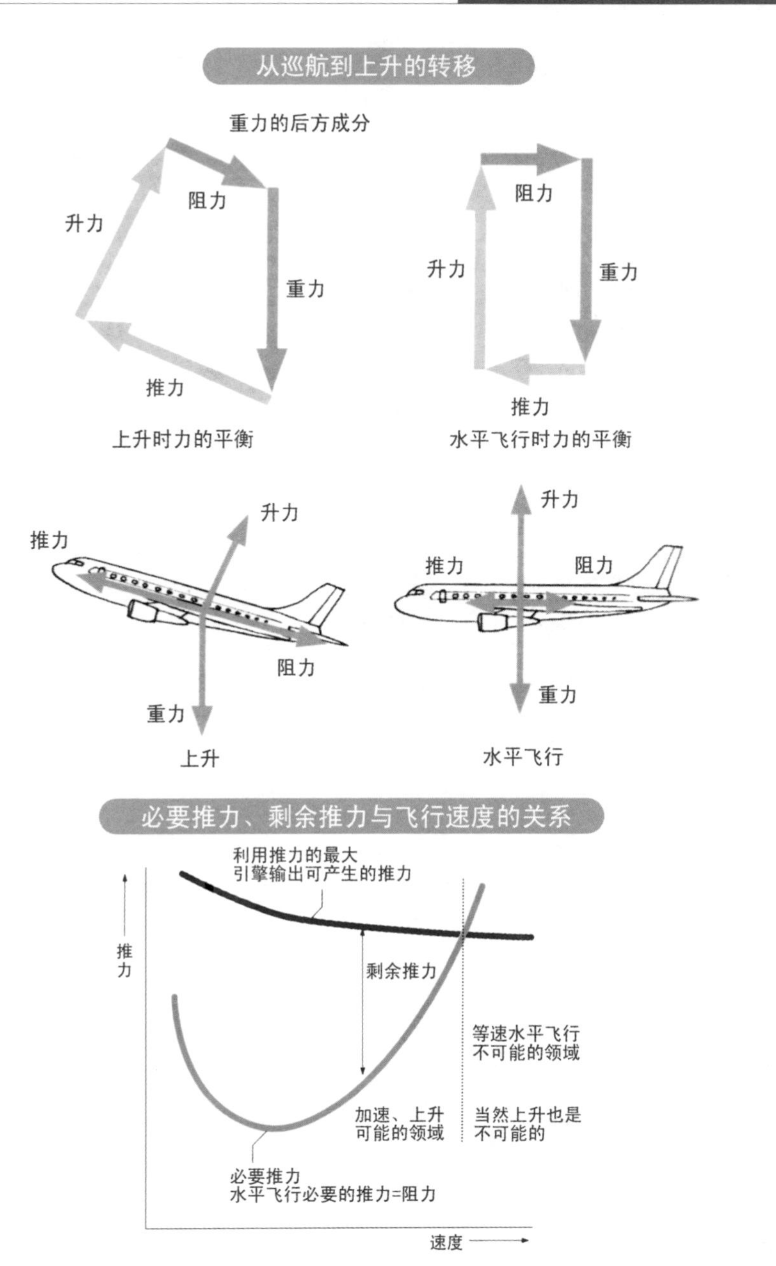

从巡航到上升的转移
重力的后方成分
阻力
升力
重力
推力
上升时力的平衡
阻力
升力
重力
推力
水平飞行时力的平衡
升力
推力
阻力
重力
上升
升力
推力
阻力
重力
水平飞行
必要推力、剩余推力与飞行速度的关系
利用推力的最大
引擎输出可产生的推力
推力
剩余推力
等速水平飞行
不可能的领域
加速、上升
可能的领域
当然上升也是
不可能的
必要推力
水平飞行必要的推力=阻力
速度

2.9 使飞机的行进方向左右变化的旋回

旋回方法也需要考虑

所谓“旋回”，是通过飞机行进方向发生左右变化的运动，或变更向着目的地的行进路线，或避开其他飞机，或迂回山峰和云层等。旋回对于飞机来讲如同家常便饭，时常发生。

旋回的方法有两种，一种像汽车那样，在机体保持水平的情况下旋回，另一种像自行车及摩托车那样，机体倾斜，取倾斜角情况下旋回。无论哪一种情况，都是向着旋回方向有向心力作用之下才有可能，但为了高效率地旋回，需要采用后者，即取倾斜角情况下的旋回。

保持机体处于水平状态的方法，由于得到的向心力小，易发生向外滑动，对飞机会产生大的阻力，因此是效率很低的方法。汽车在滑动的冰上行驶时，即使方向盘打转也几乎没有效果，在外侧发生大的滑动的同时似乎在发生旋回，对驾驶员的操作增加很大的负担，如果乘客在用餐中，盘子中的食品及饮料受离心力的作用会倒伏掉落，令人感到不快。

为了避免这类事情发生，通常采用使机体倾斜一定角度的旋回方法。采用这种方法实现左旋回，要使用辅助翼使飞机向左倾，升力发生方向向旋回方向倾斜。这样，会自然地发生向心力，同时发生的离心力与重力的合力垂直于机舱地面向下，从而不会对飞行造成不利的影响。

辅助翼作用的同时，也需要方向舵操作。这与自行车的倾斜要操作车把相类似。而且，若是维持高度的水平旋回，为补充垂直方向的升力，还需要升降舵（elevator）的操作，要求这三个操作系统全部投入动作。若操作得当，可以完全平缓地达到平衡运动，用餐中的乘客全然感觉不到旋回运动，继续享受快乐的空中旅行。

本节重点

（1）仅靠方向舵旋回效率很低。
（2）使用辅助翼取一定的倾斜角实现旋回。
（3）在保持整体缓慢、平衡的状态下实现旋回。

旋回方法种类

离心力
向心力
离心力
向心力
表观重力
重力

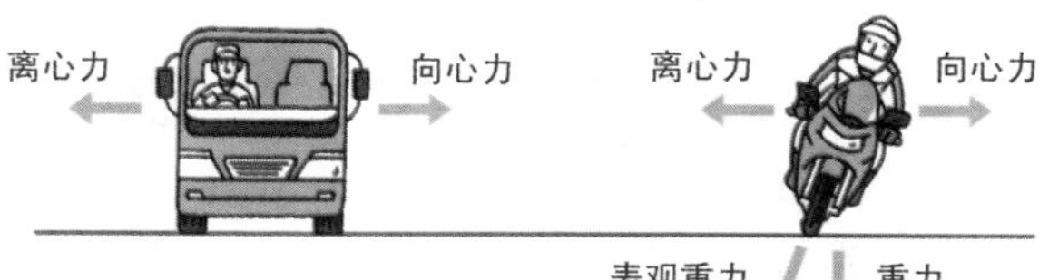

对卡车及摩托车来说，是靠轮胎与地面摩擦产生的向心力旋回。由于摩托车不能抵抗横向作用的离心力，因此要靠向旋回中心方向的倾斜来旋回

飞机的旋回方法

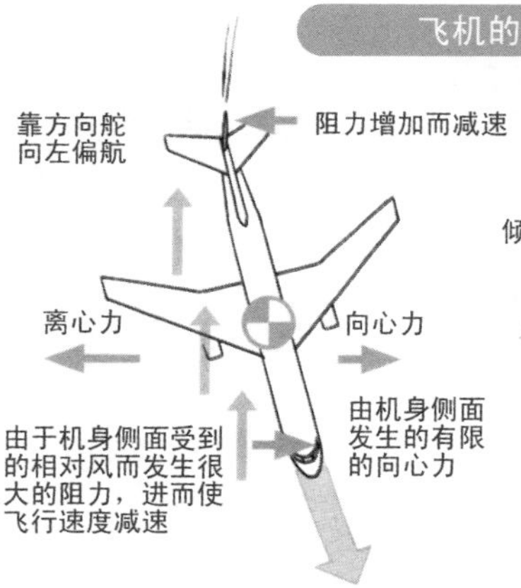

靠方向舵
向左偏航
阻力增加而减速
离心力
向心力
由于机身侧面受到
的相对风而发生很
大的阻力，进而使
飞行速度减速
由机身侧面
发生的有限
的向心力

保持机体水平，仅靠方向舵的旋回

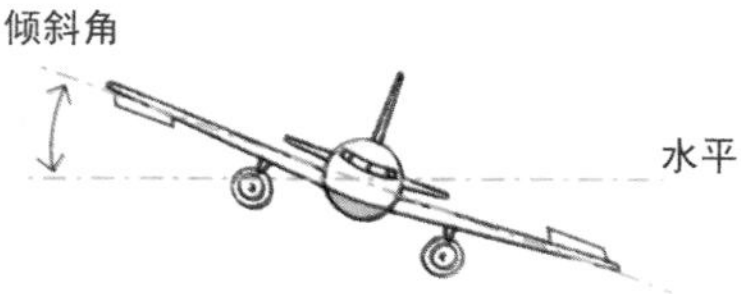

倾斜角
水平

利用辅助翼使机身倾斜的旋回

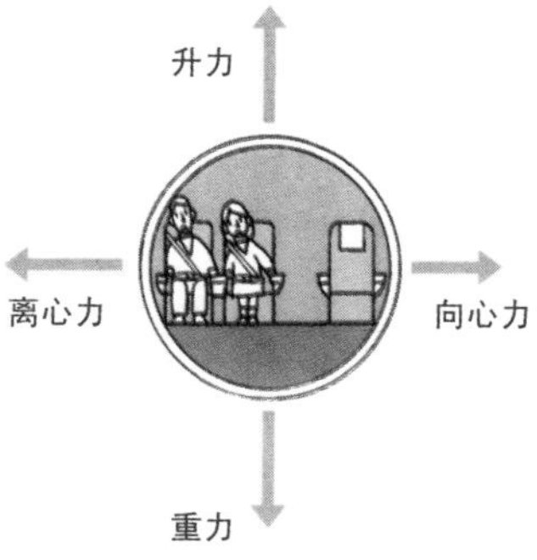

升力
离心力
向心力
重力

机内乘客会感受到不舒服的横向力作用

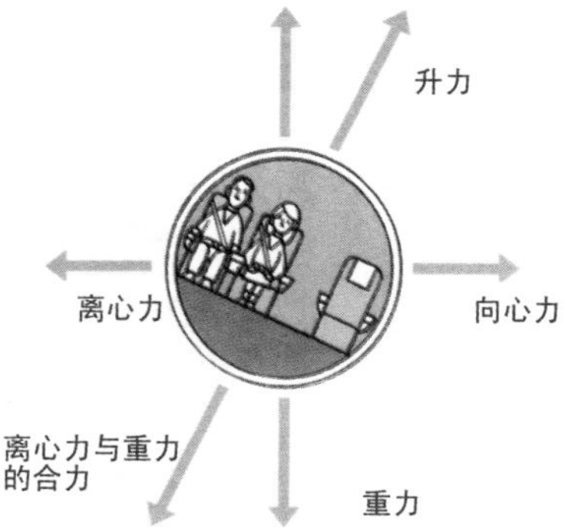

升力
离心力
向心力
离心力与重力
的合力
重力

感觉离心力向着地板方向，如果不看窗外，有些情况下甚至感受不到旋回运动

2.10　左右飞行经济性的巡航

最稳定的飞行

从达到可能的高度之后，到向目的地开始下降之前，飞机经济地飞行区间称为巡航。实际的运行中，因空域及航空路线状况不同，要经过多次的上升和巡航交替，最终达到巡航高度，再次下降移向低的巡航高度。所谓巡航，是指在一定的高度和速度，以及发动机输出功率等参数下继续飞行的状况。

由于巡航占了飞行的大部分，因此，如何满足巡航的经济性、更快的巡航速度、更长的巡航距离等性能，是有关飞机性能的重要项目。飞机在短时间内移动长距离的优点不言而喻。但单是在快的巡航速度下飞行，若燃料消耗量大也不会伴随有经济性，而且由于发动机承受大的负荷，还会导致可靠性下降，因此在达到巡航高度后就要使发动机的输出减少，通常返回到低于最大巡航输出的功率下飞行。

针对各种各样的飞机来说，都制定有高速巡航、经济巡航等几个不同的巡航方式，可根据航空公司的意向及驾驶员的判断使用恰当的方式来飞行。例如，对于飞行计划延迟，需要尽可能确保到达预定时间的情况，就要维持比较快的巡航速度；相反，由于顺风等理由，到达比预定的时间早，或者行前预计可能会出现空中待机的情况，为避免不必要的燃料消耗，则采用在经济巡航速度下飞行。

巡航中飞机飞行稳定，餐饮服务等也开始正常进行，但这并不意味着驾驶员可以放松休息。即使使用自动驾驶装置，在完全不用触动操纵杆的情况下飞行，驾驶员也要时刻注意飞行中与其他飞行中飞机的交错、飞行的行进状况、飞行路径中与目的地的气象状况、燃料系统的监视与操作、与航空管制持续的无线通信等。对于驾驶员来说，丝毫不差地重复这些操作，也需要足够的定力和忍耐力。

本节重点

（1）了解占据飞行大部分的巡航。
（2）飞行经济性（燃料费）十分重要。
（3）在阻力小的速度和高度下飞行。

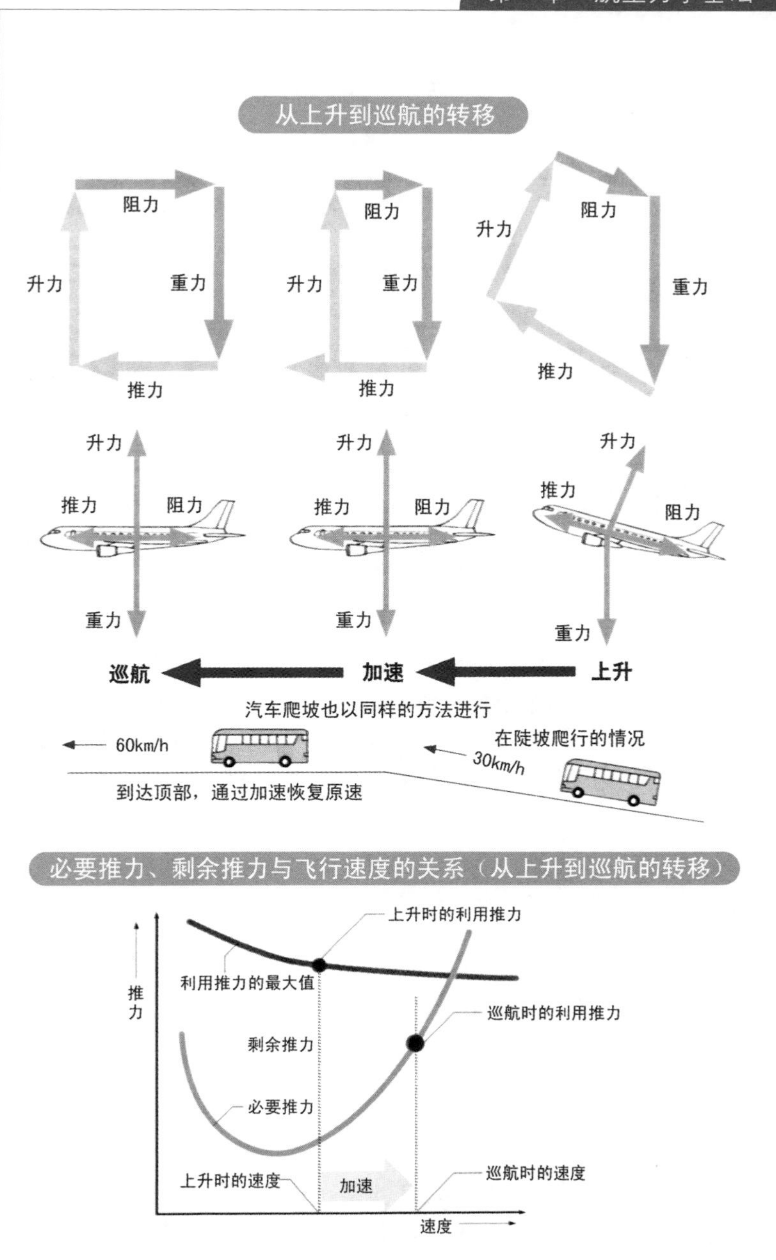
从上升到巡航的转移
阻力
升力
重力
推力
阻力
升力
重力
推力
升力
阻力
重力
推力
升力
推力
阻力
重力
升力
推力
阻力
重力
升力
推力
阻力
重力
巡航
加速
上升
汽车爬坡也以同样的方法进行
60km/h
在陡坡爬行的情况
30km/h
到达顶部，通过加速恢复原速
必要推力、剩余推力与飞行速度的关系（从上升到巡航的转移）
上升时的利用推力
利用推力的最大值
推力
巡航时的利用推力
剩余推力
必要推力
上升时的速度
加速
巡航时的速度
速度

2.11 阻力发生最小同时升力增加的起飞

在跑道上也有限制

所谓飞机的起飞，是指通过起飞滑行，由机翼产生升力，由上升达到规定的高度。由于即使大型机场，飞机跑道长度也是有限的，因此希望起飞及着陆距离要尽可能短。与升力相关的速度，是指空气与机体的相对速度，在逆风情况下，飞机的地面移动速度还要加上风速部分。因此，除非无风的情况，一般要采用逆风起飞方式。这样可以更快地达到起飞速度，缩短起飞距离。飞机起飞后，应与山及建筑物保持足够的高度及距离，即使假设滑行途中起飞中止，到飞机停止前也应留有足够的滑行距离。

从飞机滑行开始至到达规定的高度所经过的距离称为起飞距离（下图），这一规定高度对于小型飞机来说，从跑道算起为15m（50ft）；对于大型飞机来说，为10.7m（35ft）。这不单单是为了飞机离开跑道，而且是为了保证其后能上升所要求的。另外，称起飞所要求的跑道上的滑行距离为起飞滑行距离。

对于装有多台发动机的飞机来说，起飞速度还有 V_1（起飞决心速度）、V_R（机头上升速度）、V_2（安全起飞速度）之分，彼此间要严格确认，不能混淆。

主翼采取的许多措施是为了提高在高速巡航飞行下的效率，但低速或高迎角下的飞行特性则变差，若原样不动，则难以对应长的起飞距离及着陆距离。为了解决这一问题，许多飞机的主翼在后缘设置了副翼（flap），以增大临界迎角，或者以不同的方式扩大机翼面积，增加可发生的升力。起飞时在确保升力的同时，加速性能也十分重要，一般是将副翼展开到最大一半的程度，这样在发生阻力最小的同时可获得更高的升力。

本节重点

(1) 向着风起飞。
(2) 为确保升力，起飞速度十分重要。

起飞时的升力

升力		空气密度	速度	主翼面积	升力系数
L	$=\frac{1}{2}$	ρ	V^2	S	C_L

$$L=\frac{1}{2}\rho V^2 S C_L$$

起飞时速度最为重要。该速度是指相对于空气的速度，因此向着风的方向是有利的。起飞的决断要通过速度是否达到要求来确定。

在不妨碍加速的情况下，使用副翼，通过改变副翼的形状提高升力系数。

巡航时的副翼姿态

起飞时的副翼姿态

在阻力发生最小的前提下，取使升力达到最大的姿势

起飞滑行距离与起飞距离的关系

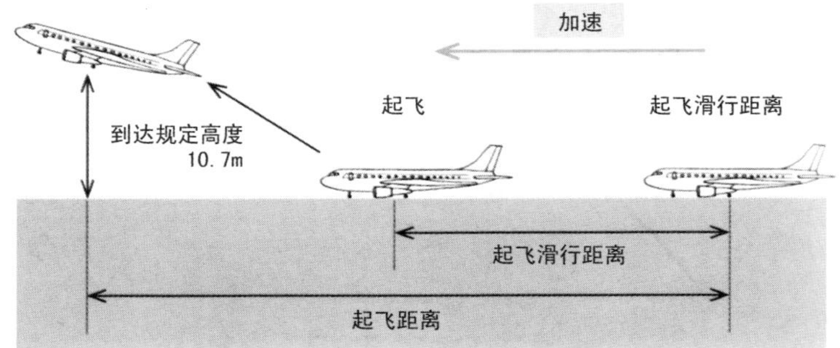

2.12 升力与阻力最大限度增加的着陆

在降低速度的同时实现着陆

在到达飞行的目的地后，开始降低飞行高度，接触地面并进入滑行跑道，减速至安全地在地面上移动的速度，直至停止的过程称为着陆。与起飞不同，着陆要最大限度地利用副翼，以有效增加阻力，并防止降落中速度的增加。这与坡道上使用制动器（刹车）下坡的情况相似。对于高速飞行的喷气式飞机来说，主翼前缘也装备有副翼，通过改变翼的形状和面积，即使在低速下也能确保支撑机体重量的升力。

基于与起飞同样的理由，着陆也要尽可能向着风向（逆风）进行。如果有 5m/s 的顺风作用，着陆距离就可能延长 30% ~ 50%，即使很小的风也会造成很大的影响。

落地后，为了使落地的速度降为 0，必须踩刹车装置来减速。

越是重（质量大）且速度越快的飞机，使其停止的力也必须越大。小型飞机利用车轮刹车即可。对于大型飞机，除了利用车轮刹车外，还要利用喷气发动机向前侧喷出空气流的逆喷射（thrust reverser，反推装置），以及驱使在主翼上方立起板的空气刹车装置（air brake）使飞机停止。

着陆距离是指经过规定的高度（例如 15m）下降、落地，直到停止所经过的距离，在跑道上的滑行距离称为着陆滑行距离。起飞时通过的高度，对于大型飞机和小型飞机是不同的，而着陆时的通过高度，对于大型飞机和小型飞机是没有区别的。

着陆时要顺畅地降落，保证速度和姿势二者都处于稳定状态是十分必要的。对于在进入着陆时，突然的风向及大小的变化，以及紊乱气流等都不能保证稳定的情况，当对安全降落存在疑问时，驾驶员需再次尝试着陆，称此为复着陆。

本节重点

（1）副翼全部打开则升力系数、阻力系数同时增加。
（2）着陆后要施加逆向的力（刹车）。
（3）机轮的刹车、空气刹车、发动机逆喷射。

着陆时的升力

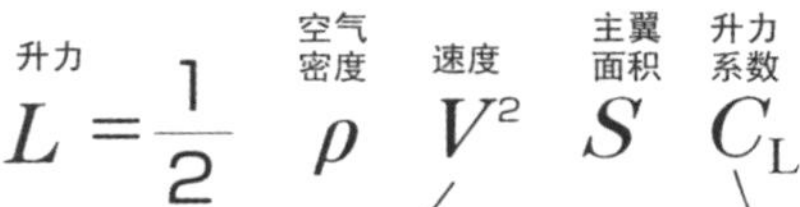

$$L = \frac{1}{2} \rho V^2 S C_L$$

着陆时为缩短滑行距离，速度要快速下降。但是，与升力相关的是与空气的相对速度，因此与起飞同样，向着风是有利的。

着陆时希望阻力变大，有效减速，但为了确保升力，副翼要最大限度展开，以便提高升力系数。

巡航时的副翼姿态

着陆时的副翼姿态

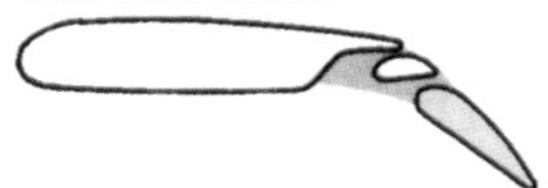

尽管阻力也会变大，但还是要取升力最大的机翼姿势

着陆滑行距离与着陆距离的关系

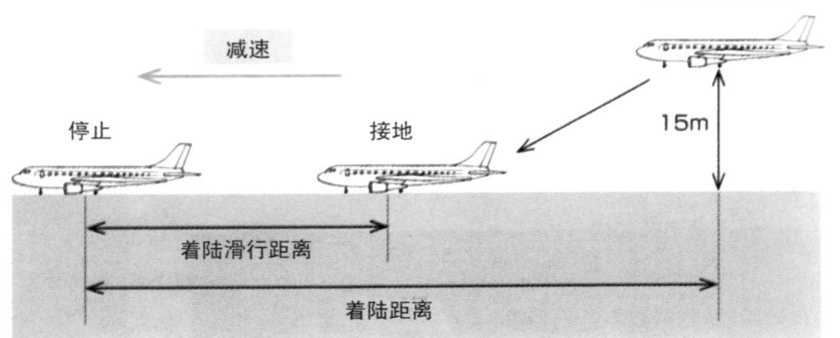

2.13 高速飞行——超越声速和冲击波问题

飞机与声速

随着发动机的性能提高和飞行速度上升，飞机会碰到所谓的“声速之壁”（音障）。声音传播的速度即声速，在地面、气温15℃时为340m/s（1200km/h）。声速与发出声的声源是否运动及其速度无关，从发出声的场所以同心圆的方式向周围传播。

因此，一旦飞机的速度达到声速，便能追上自己所发的声音。声音的压力呈周期性变化，但由于重合作用，会使压力变大。追上甚至超过声速的物体会发出大的声（压力波），这便是冲击波。

如果机翼上产生冲击波，则升力减少、阻力增加。这是由于冲击波作用，使翼上面的空气流紊乱所致。依场合不同而异，也可能引起剥离气流而失速。与迎角过大而失速的场合不同，在这种情况下，有必要迅速降低速度。

飞机的速度即使未达到声速，但是一旦超过声速的7成，机翼上就会产生冲击波。为了减少冲击波的影响，对于接近声速或超过声速飞行的飞机来说，机翼的形状与低速飞行飞机的不同，需要采取措施，例如做成后掠角翼及德尔塔翼等。

对于飞机来说，在声速附近或超过声速都会存在大的问题，但是声速并非常数，而是随温度会发生很大的变化。因此，用表征飞行速度与声速之比的马赫数就很容易区分这种关系。通常按亚声速（*Ma*0.75以下）、跨声速（*Ma*0.75～1.25）、超声速（*Ma*1.25～5）、高超声速（*Ma*5以上）加以区别来研究空气力学特性。

本节重点

（1）飞行速度达到声速便会产生冲击波。
（2）即便是机体在声速以下，机翼上方的气流也可能超过声速。
（3）为减小冲击波的影响需要对机翼采取各种措施。

冲击波的产生方式

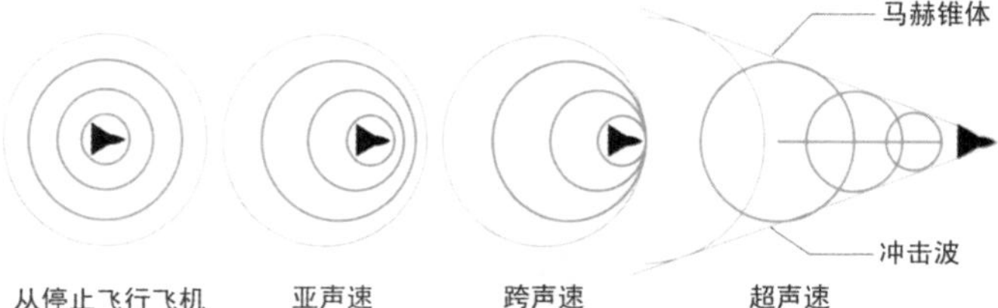

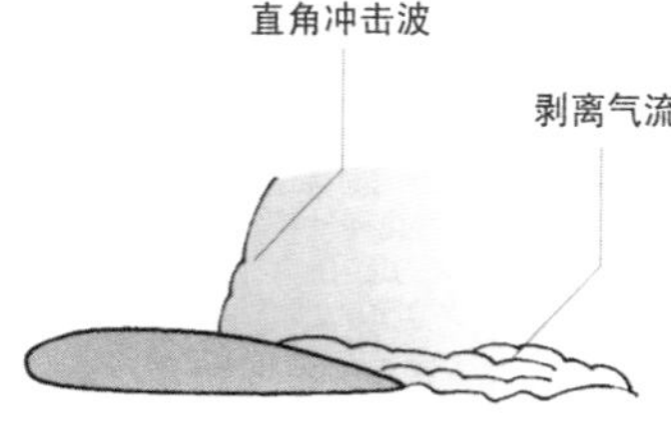

即使机身的速度在声速以下(*Ma*0.8左右)，翼上气流由于超过声速，也会产生冲击波

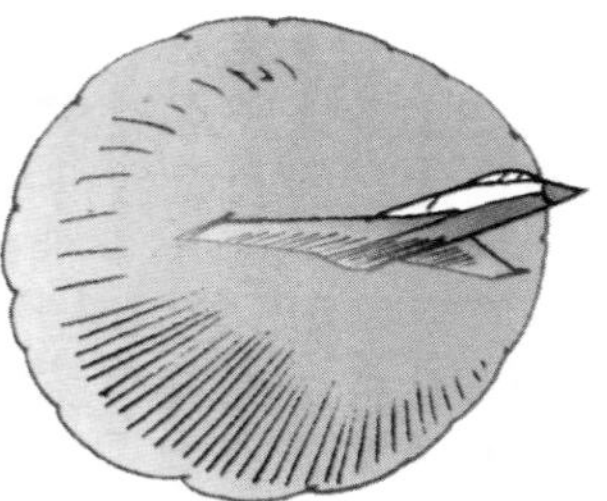

产生冲击波的战斗机

飞行速度与翼的姿势

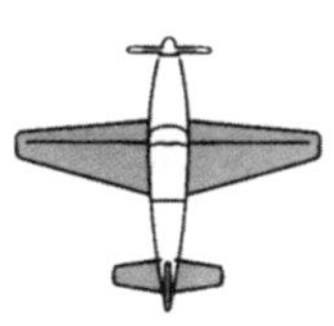

锥形翼

亚声速飞行用的翼

后掠角翼

跨声速飞行用的翼

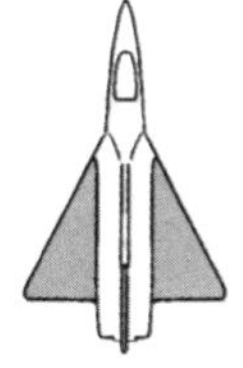

德尔塔翼

超声速飞行用的翼

2.14 重量和重心

重量平衡对于飞机来说事关重大

不同类型的飞机，对其最大地面重量、最大起飞重量、最大着陆重量、重心位置处于前方还是后方等都有严格规定。对于重量超过规定及重心位置超过范围的情况，不仅是性能难以正常发挥，而且危险。重量和重心位置的确认是飞机起飞前的必备事项之一。

总重量是飞机自身的重量（自重）与乘务员、乘客、货物、搭载燃料等重量之和。飞机的重量会对飞行中的燃料消耗及操纵性产生影响，但是对其施行严密管理的最大理由，是安全可着陆重量，以及此时对机体强度的考虑。最受到重视的最大起飞重量，由起飞之后必须立即紧急着陆的特殊状况来确定。

在总重量被确认符合要求的情况下，下一步是确定重心位置。所谓重心位置，是假设的一点，若由该点将飞机吊起，无论怎样倾斜，飞机仍能保持水平的位置。重心位置可由搭载的各种重量转矩（回转力的平衡）的计算来求出。

重心位置通过升力与作用的风压中心位置的关系，而对飞行性能产生影响。

对于重心位置过于靠前的飞机来说，会产生使机头向下旋转的力，为了与之对抗，要以机头向上的姿势飞行；为使水平稳定板上产生足够大的向下的力，需要提高飞行速度。由此，阻力变大，致使燃料费用增加。而且，着陆时难以采取机头向上的姿势，着陆速度快，致使着陆距离延长。

对于重心位置过于靠后的飞机来说，机头自然地有向上的倾向，必须使升降舵产生经常向上的力；容易导致失速，驾驶员需要集中精力频繁操作。

本节重点

（1）飞机重量与机体着陆时的强度相关。
（2）重量平衡影响稳定性和操纵性。
（3）重量与重量平衡对于燃料消耗也有影响。

飞机的重量与重心

对于小型飞机的情况，要逐人计算体重

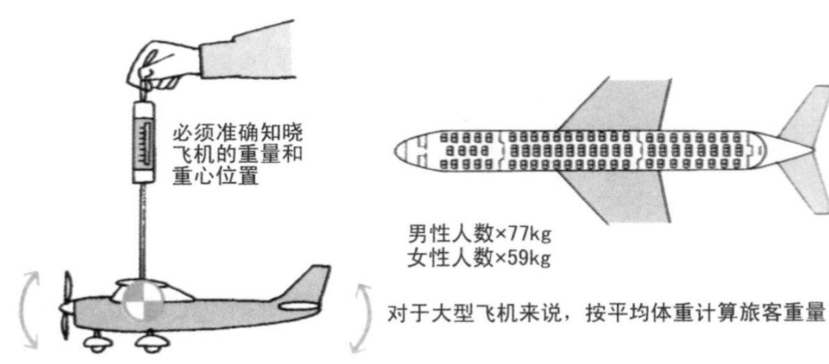

对于大型飞机来说，按平均体重计算旅客重量

重心的位置与机身平衡

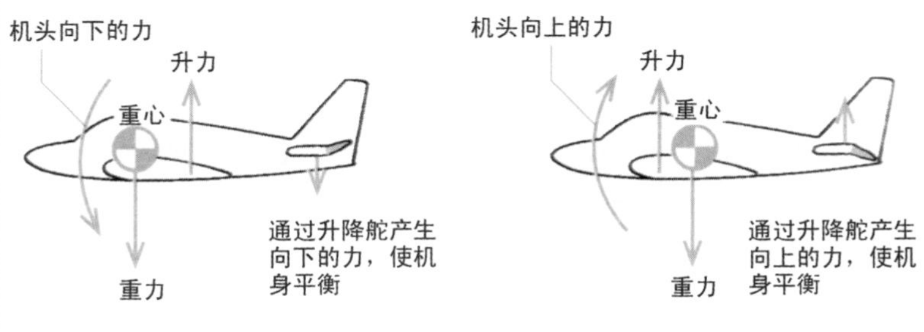

重心位置在前的情况　　重心位置在后的情况

书角茶桌

应急弹射装置和降落伞

在最大限度发挥飞机性能的特技飞行中，驾驶员需要装备应急弹射装置和降落伞。在紧急弹出时，从驾驶舱飞出，在空中调整姿势，以适当的姿势打开降落伞。特技飞行员经过长期训练，已具备足够的经验。

所谓降落伞，是利用空气作用而张开的伞。降落伞对于控制降落速度，或使汽车及飞机减速等方面是必不可少的装备。视频画面中看到从天而降的跳伞运动员自由落下，令人惊心动魄，实际上他们在达到某一速度（约 200km/h）后，受空气阻力作用，会以一定速度降落。

对于初学跳伞的运动员来说，更具挑战性。在大约 4600m 的高度，忐忑不安的运动员在教练的指导下，以先后成排的形式飞出。在飞出之前，心脏的跳动甚至可以亲身感知、亲耳听到。这是由生存本能所发出的警告之声。而且，在来不及思考的瞬间即被推出机舱，马上便感觉到令人惊异的加速和风压。如果此前从未亲身感受，可以说是感觉非凡。

在下落过程中，强烈的风压与空气的阻力同时产生向上的作用，可以明显感觉到升力的作用。尽管可将阻力和升力分别考虑，但这两者间存在互为表里关系。借由流经身边空气的作用，可进行回旋、滑空、旋转运动。这个过程与飞机的操纵有异曲同工之妙，却是由自己的身体亲临其境。通过这种由自己的身体所进行的上述操纵，可以直接体验空气的流动和力，可以获得非凡的现实体验。

第3章

飞机机体构造

书角茶桌

3.1 机体上所受到的力

飞机耐应力才能安全飞行

飞机制造采用的结构，必须保证能承受机体上所受的各种力。飞行中机体所受的力按大类有重力、升力、阻力和推力。

第 2 章中已提到过这四种力。主要是针对飞机的运动而考虑的。或者是认为四个力作用于一点，按极为简单的方式考虑，或者是认为力的作用点即使不一致，但仅从对机体的运动会产生什么影响的观点来考虑。但实际上，施加力的位置位于机体的特定位置，该力沿机体的结构而传递。这种力的传递对机体来说会产生应力。如果耐应力特性不符合要求，则会造成破损或破坏。因此，上述四个力应从应力的观点来考虑，即应分析它们对机体会产生什么样的应力。

一架巨型喷气式客机满载的情况下，搭载的乘务员、乘客、货物、燃料等共计 400t，即使在巡航飞行时，机翼上也会产生 400t（约 4000kN）的升力。升力主要由机翼产生。机翼上要承受向上的支撑机体全部重量的力。而且机体重量的大部分位于机身中。为与机体的重量相平衡，升力对机翼产生向上的很大的弯曲作用。该弯曲力通过杠杆原理起作用，显然机翼的根部受力最大。因此，必须采取措施使机翼的根部更加牢固。飞机开发早期，由于机翼根的强度不足致使折翼而坠落的事故并非少见。

升力作用的位置如果从前后方向看，是通过机翼所在的位置作用在机体上，由于重力作用于机身全体，从而也有向下弯曲的应力作用于机身。回旋时还会有扭曲力作用于机身。机身制作时必须考虑要能耐这些应力。

本节重点

（1）伴随飞行的力会变为机体中的应力。
（2）力的作用点偏移便会产生应力。
（3）有弯曲、压缩、拉伸、扭曲的力作用。

作用于飞机机身的力

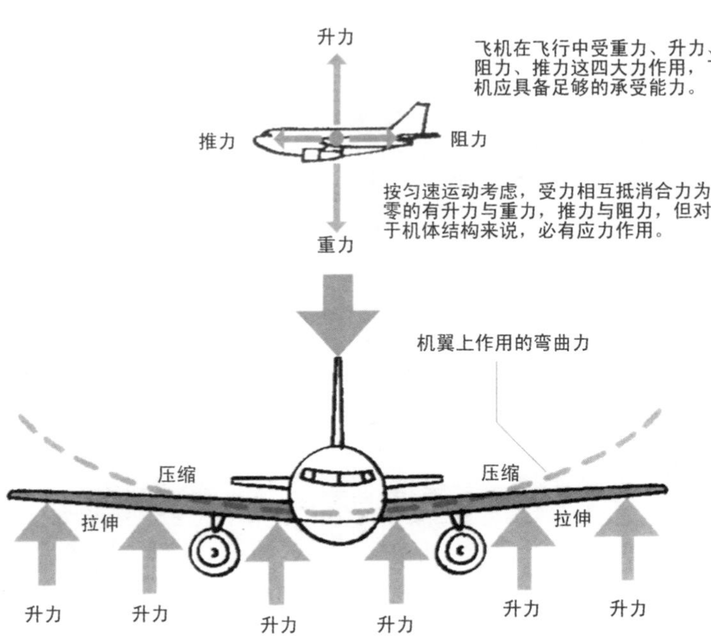

升力
飞机在飞行中受重力、升力、阻力、推力这四大力作用，飞机应具备足够的承受能力。
推力
阻力
按匀速运动考虑，受力相互抵消合力为零的有升力与重力，推力与阻力，但对于机体结构来说，必有应力作用。
重力
机翼上作用的弯曲力
压缩
压缩
拉伸
拉伸
升力
升力
升力
升力
升力
升力

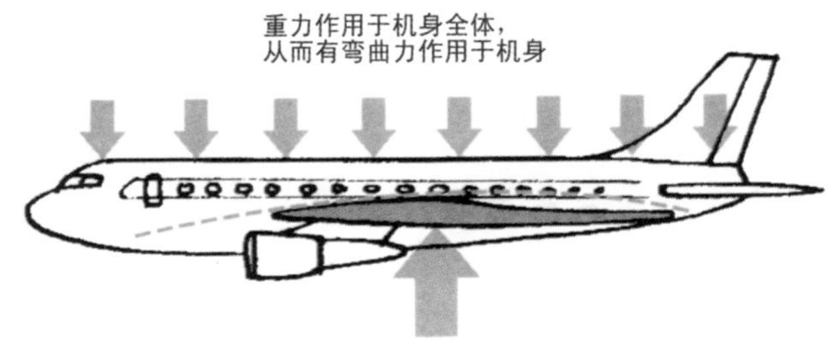

重力作用于机身全体，
从而有弯曲力作用于机身
升力由机翼产生

3.2 载荷倍数

为了不引起机体破坏而对运动的限制

所谓载荷倍数，是指飞机上作用的载荷（从外面所加的力）与飞机重量之比。假定飞机是在一定的高度和速度下直线飞行的（等速水平飞行）。在这种情况下，由于机翼产生平衡飞机重量的升力（作为负荷），因此载荷倍数为 1。与重力（G）相当的升力是必要的最小限，将其作为基准 1。

若飞机做回旋等等速直线运动以外的运动，则机翼上会发生大于机身重量的升力。也可以说，不使其发生大的升力是不能回旋的。越是在快的速度下发生急的回旋，越需要有大的升力作用在机翼上。而且，若突然受到风的作用，机翼上所承受的力也会比飞机的重量大。即使遇到这样的情况，当然也要确保飞机不发生破坏。

对于每一种由使用目的决定的飞机种类（耐空类别），可使飞机产生的允许载荷倍数（极限载荷倍数）都有明确规定。在飞机制造时，应确保即使飞机承受与该极限载荷倍数相当的力，也不会发生破坏。为此，必须对材料和结构进行精心选择和设计。对驾驭飞机的驾驶员的操纵也有严格限制，不允许（实际上也不可能）出现超过对该飞机所设定的极限载荷倍数的操纵指令。

空港常见的飞机中，绝大多数的极限载荷倍数在 2.0 ~ 3.8 范围内。允许翻跟斗及背面飞行的飞机分类为特技机 A (acrobatic)，其极限载荷倍数为 6.0。对于搭乘数十人至数百人的客机来说，不允许进行背面飞行等特技飞行。

飞机制造时首先要确定许用应力，其原则是，将与极限载荷倍数相当的力乘 1.5 倍，在该力作用下，3s 时间内不发生破坏。

本节重点

（1）载荷倍数 = 载荷 / 飞机重量。

（2）升力 = 飞机重量时的载荷倍数为 1。

（3）依飞机的种类而异，载荷倍数有限制。

载荷倍数

$$载荷倍数=\frac{载荷}{飞机重量}$$

水平飞行的情况　载荷倍数为1作为载荷倍数的基准

飞机重量=载荷（升力）

$$载荷倍数=\frac{载荷}{飞机重量}=1$$

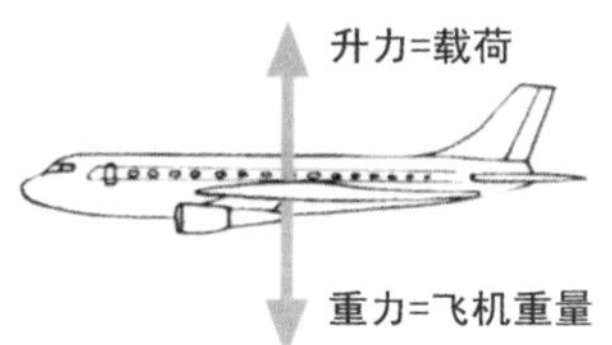

旋回的情况　越是急旋回，载荷系数越大

$$载荷倍数=\frac{载荷}{飞机重量}=\frac{\frac{飞机重量}{\cos\theta}}{飞机重量}=\frac{1}{\cos\theta}$$

θ为60°的情况，载荷倍数为2（$\cos\theta=0.5$）

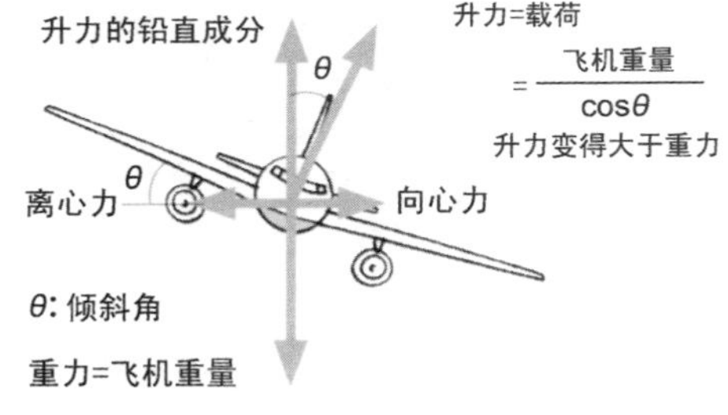

不同种类飞机的极限载荷倍数

极限载荷倍数	约3.8	5.3~7.0	6.0	4.4	2.0~3.5
飞机种类	大型客机T 支线客运机N	滑翔机	特技机	实用机	旋翼机

3.3 舱压（cabin pressure）

舒适的机舱和机体所受应力

目前长距离飞行的客机要在 10000 ～ 12000m 的高空飞行，这是由于在平流层气流稳定，燃料消耗也低。此高度下空气气压大致在 0.2 个大气压，是相当低的，人靠自力不能向体内提供足够的氧气。为此，需利用发动机产生的压缩空气保持客舱内的压力，使该压力维持在人不会感到不舒服的程度。称此压力为舱压（cabin pressure）。

施加舱压这件事，从机身角度看，飞行途中内侧会有压力作用，进而产生应力。正如为使气球膨胀，要从内侧施加压力，往气球内充气，逐渐长大，最后达到外形圆滑，橡胶膜厚度处处相同的气球形状。飞机在地面着陆，舱门也打开，机身外与客舱中压力相同，致使舱压给机身内造成的应力消失。

飞行旅途中由于加于机身上的应力往复出现，随着时间延长，由于金属疲劳而存在机身发生破坏的可能性。事实上，世界上最早的喷气式客机“彗星”号，在正式投入运营后不久，于 1953 ～ 1954 年间先后有三架飞机在空中分解而坠毁。事故是由于舱压往复出现，造成金属疲劳断裂所致。此后尽管事故逐渐变少，但也有发生。1985 年在御巢鹰山坠毁的日航巨型喷气客机也是由于支撑舱压的压力隔壁破坏而引起失事的。

使客舱内的压力与地面相同，取一个大气压也是可能的，但这样做的结果是飞机在巡航飞行时机身内部与外部的压力差就会增加到 0.8 个大气压。因此，现在的机舱内压调整为 0.8 个大气压（压力差 0.6 个大气压）左右。0.8 个大气压与海拔 2000m 左右山顶的气压相当。

本节重点

（1）舱压给机身造成应力。
（2）事故发生起因多为金属疲劳。
（3）空中飞行的机体承受不同于地面的气压。

舱压(cabin pressure)及其影响

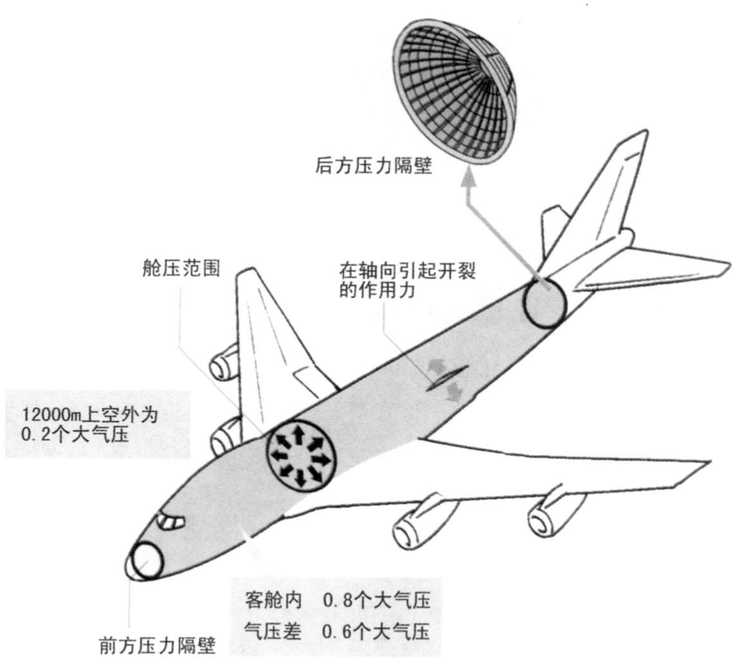

“彗星”号飞机的事故是由于金属疲劳断裂所致

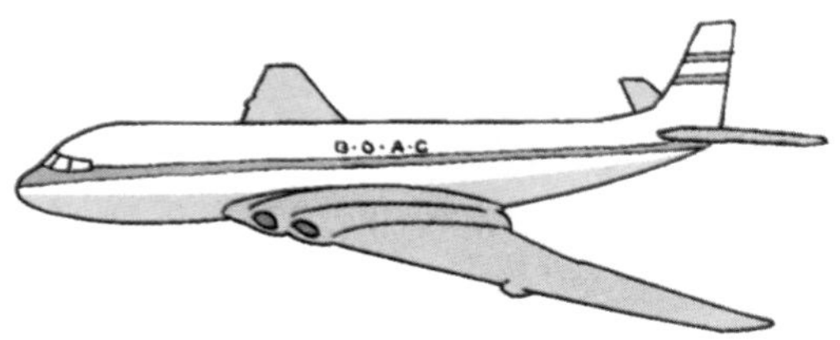

由英国开发的世界最早的喷气式客机“彗星”号，在正式投入运营后不久，于1953~1954年间先后有三架飞机在空中分解而坠落。事故是由于舱压往复造成金属疲劳断裂所致，这一事故原因的判明为此后的航运安全做出重大贡献。

3.4 机身的构造

从卵壳到机体结构

正如我们的身体是由骨骼（共计 205 块）所支撑的一样，地上的建筑物及构造物由于受到柱及梁等框架结构（骨架）的支撑，才能耐地震等外力的冲击。这种情况，壁并非承担强度的部件，因此不计入强度计算中。莱特兄弟学习了桥及塔中使用的代表性骨架结构的桁架构造，做出了飞行器。飞机最初也采用框架结构制作。

但是，作为机体材料，经常使用的是铝合金，外板也作为强度部件来考虑。鸡及蟹、龟等的卵，外侧都有硬的壳，仅靠硬壳抵挡外力。像这种并非靠框架而是靠壳来抵挡外力的结构，称为应力外皮结构，或单壳结构（monocoque）。

即使薄薄的一张纸，也可以揉成球、卷成棒、叠成纸鹤等，它们都比一张纸的承载能力强。由几层纸卷成的柱，不仅可用于支撑，还具有一定的抗弯曲能力。车厢如果用平板制作则抗弯曲性能差，因此多采用带一定弧度的结构，甚至人为地在表面形成一些凹凸。对于飞机来说，还要特别考虑空气的阻力（阻抗）。为了减小阻力，多采用曲面形状。张成曲面的铝合金板在起到抵抗外力作用的同时，还可以实现机体的轻量化。

在飞机制造中，将外板（外壳）中加入圆形补强筋（frame）的结构称为半单壳结构。随着飞机的大型化和机身加长，与之相伴的弯曲力和扭曲力变大，单壳结构越来越难以承受。因此，人们采用了在轴方向加入补强材（纵通材：小型纵通材称为纵桁，大型纵通材称为机身大梁）的结构。现代飞机大多数采用半单壳结构制造。

本节重点

（1）最初的飞机采用框架（骨架）结构。

（2）外板也考虑采用强度部件。

（3）纵梁可耐压缩，承受扭曲力。

何谓“单壳结构”

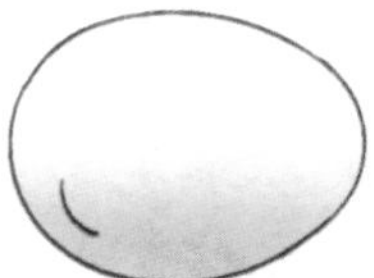

鸡蛋就是单壳结构

即使是纸，一旦揉成团，再变形就很难
…

飞机的机体就是仿照蛋壳中间的圆筒制成的

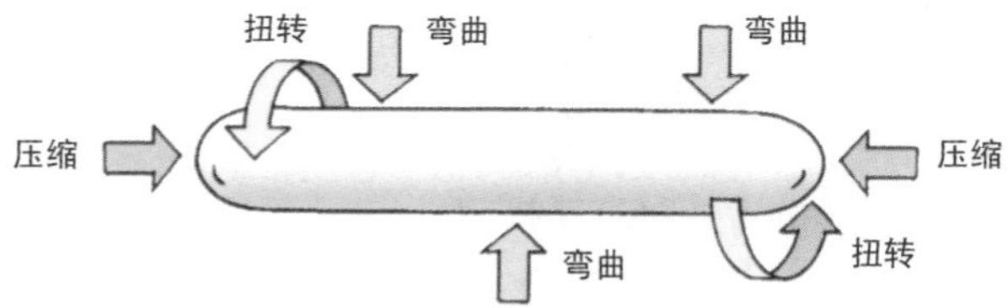

如果仅采用单壳结构，为了能耐弯曲、扭转、压缩力的作用，壳体（外板）的厚度必须做得极厚

半单壳结构实例

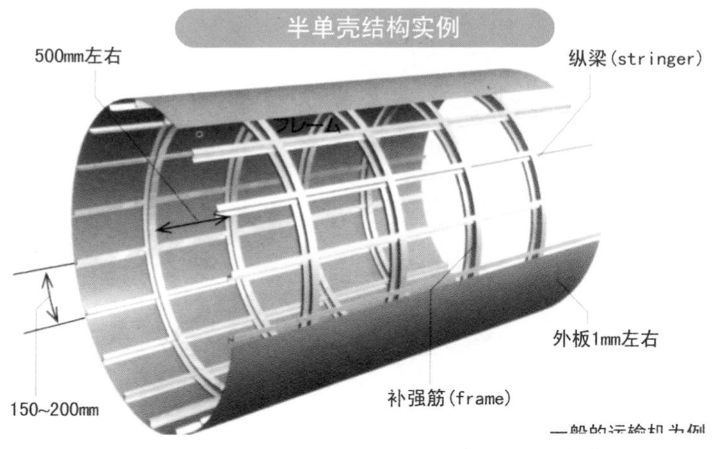

3.5 耐升力的机翼结构

使升力发生而又不被升力破坏的结构

机翼的作用是使其发生支持机体重量的升力。所谓“使其发生”，意味着需要时发生，不需要时不发生。飞机飞行中，机翼在升力作用下发生很大的向上弯曲变形。机翼制作时应保证具有耐这种弯曲力的很强的柔韧性。为了机翼能耐弯曲力，从机身到翼端要配置被称为桁（翼梁）的棒状部件（或型材）。为了耐弯曲力，在保证材料强度的同时，断面形状也要精心设计。机翼的桁要采用抗弯曲性能强的截面。

为了机翼发生升力，机翼的形状起重要作用。为保持机翼的形状，桁间要配置肋（rib）。所谓肋，具有小骨的意思。外板张在由桁和肋构成的骨架上，形成机翼的外形。外板也要由耐外力的部件构成，因此机翼也采用半单壳结构。

机翼上侧的外板承受压缩力，下侧的外板承受拉伸力。上侧被压缩，有发生皱褶和弯曲的趋势，下侧承受往返发生的拉伸力，因此必须注意由此引发的疲劳破坏。

机翼的内部为了实现轻而强的结构，要留有大的空洞。这种空洞还作为储存燃料的燃料箱而使用。机身中不设燃料箱以确保载人和物的空间。另外，对于燃料来说，只要配置液体通道和泵，即使很窄的空间也能容易进出。将燃料储存于机翼中，不仅仅是为了充分利用空间，更在于结构力学方面的意义。对于受向上升力的作用而弯曲的机翼来说，燃料的重量产生向下的力起到缓和弯曲力的作用。

对于大型喷气式客机来说，有些情况下，燃料的重量占整机重量的 40%，燃料的重量对减轻弯曲力的效果是相当大的。

本节重点

(1) 机翼提供升力的同时也要耐受很大的应力。
(2) 机翼内燃料的搭载可缓和弯曲力。
(3) 机翼内部采用轻而强的结构。

机翼的构造

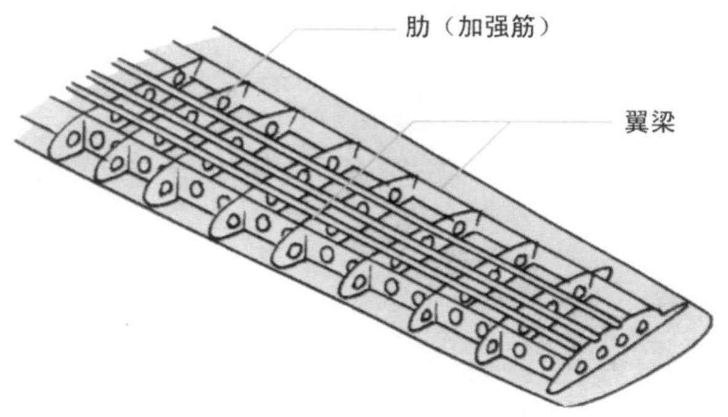

飞行中，机翼受到升力作用而承受很大的弯曲变形。引擎和燃料的重量可缓解这种弯曲力。

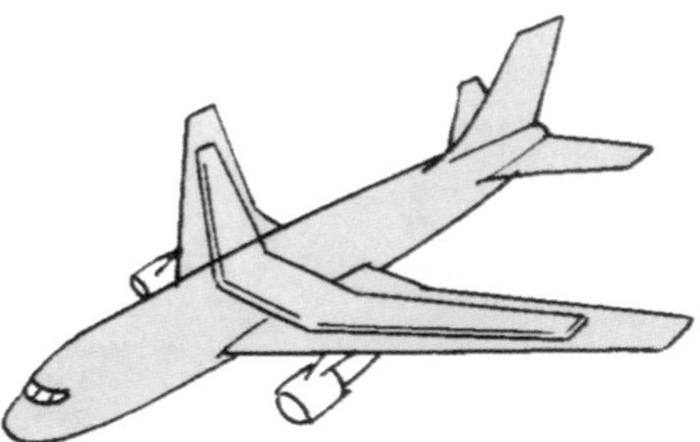

位于机翼中的燃料箱

3.6 有限可靠性（fail safe）结构

避免发生因金属疲劳而出现的事故

飞机结构的历史，也可以说是与金属疲劳战斗的历史。进入20世纪后半叶，人们逐渐将振动很大的往复式发动机改换为振动小的喷射式发动机，且达到实用化，这被认为是有效减少疲劳破坏的时期。但是，在20世纪50年代初，世界上最早的喷气式客机“慧星”号在英国投入运营不久，先后有3架飞机在空中发生分解并坠毁的事故，经判明，其原因是由于舱压（cabin pressure）往复造成的金属疲劳断裂所致。即使进入喷气式飞机时代，仍需要针对新的金属疲劳制定安全对策。

所谓金属疲劳，是指即使受力远低于屈服极限强度，但在该力往复出现的条件下，小的裂纹会慢慢长大，进而导致突然断裂的现象。假如材料所受应力变小，则不容易产生疲劳破坏。因此，简单的疲劳对策便是减小应力，使部件变粗，或者使板材加厚。由于截面积增大，即使受相同的力作用，应力也会变小。在飞机使用期间保证部件不发生疲劳裂纹而决定部件材质和厚度的方式，称为安全寿命设计。但是，仅着眼于安全寿命设计，重量势必增加，极端的情况会设计出“不能飞的飞机”。

因此，不是按全体都产生疲劳裂纹，而是即使部件的一部分发生破坏，或产生裂纹（fail），还能在一定时期安全地飞行，在达到致命的破坏之前能做到可见可知的考虑方法，这便是有限可靠性（fail safe）结构。或者说，有限可靠性结构是指“个别部件发生故障时，工作可靠但性能下降。”

有限可靠性结构可分为图中所示的以下四类：①冗余（redundant）；②分割（double）；③代肩或后备支撑（back up）；④减载（load drop）。为使结构安全可靠，更好地发挥功能，定期目视检查十分重要。

本节重点

（1）可靠性结构从“彗星”号飞机事故的教训而生。

（2）及时发现酿成事故前出现的裂纹。

（3）进行安全寿命设计。

保证安全可靠的结构措施

冗余（redundant）

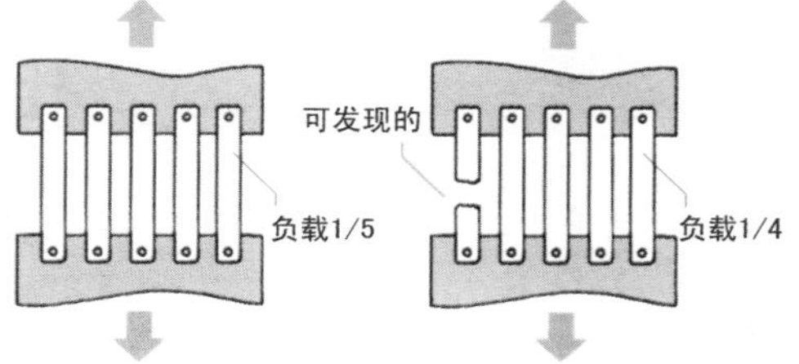

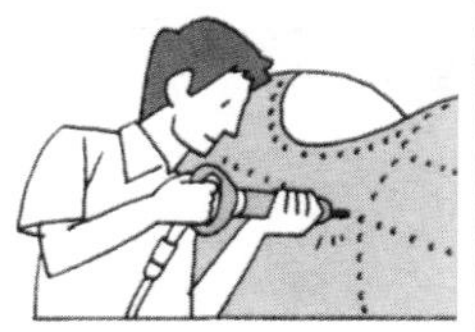

采用铆接复合实现冗余结构

分割（double）

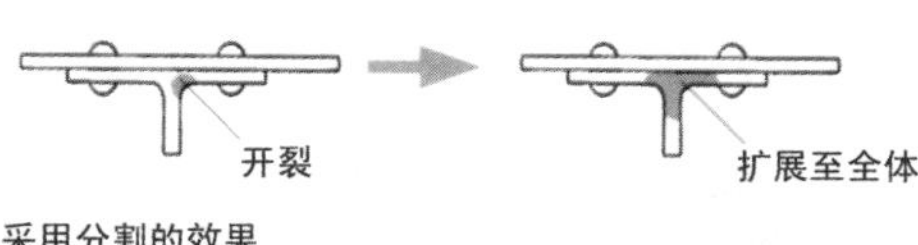

采用分割的效果

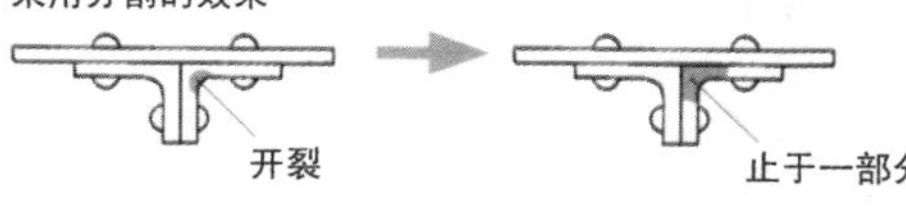

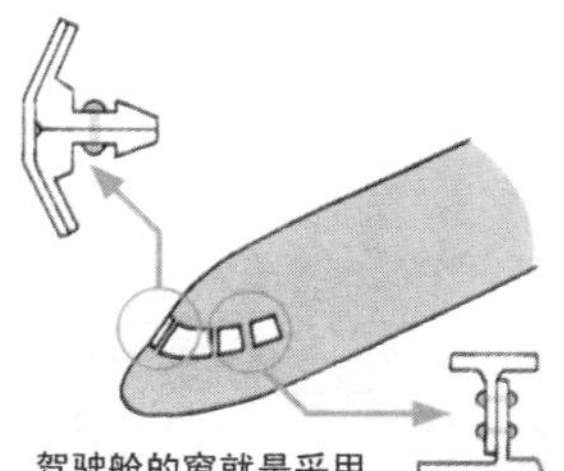

驾驶舱的窗就是采用分割结构的实例

代肩（back up）

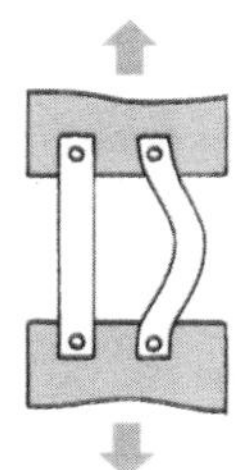

即使破断也有预设部件代肩

减载（load drop）

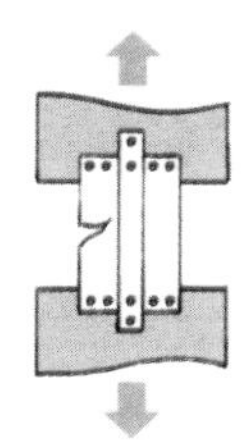

在补强材的位置裂纹停止扩展

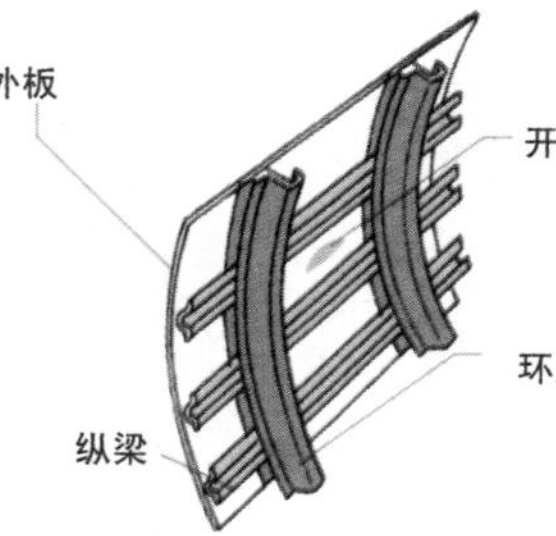

与外板相结合的纵梁及环肋起到阻止外板产生的裂纹扩展的补强材作用

3.7 损伤容许设计

精细健康诊断方案的实行以确保安全

为使有限可靠性结构的考虑方法进一步进化，作为新的设计思想，在 20 世纪 70 年代美国军用标准中，采用损伤容许设计的考虑方法，后来也导入民航领域。

有限可靠性结构是指，即使假设损伤发生了，但达到致命的事故之前是可以发现的，使结构自身具有裕量的考虑方法。但是，对于有限可靠性结构来说，还会引起不可能应对的事故。作为损伤容许设计思想产生开端的 F–111 战斗机的可变后掠翼的针孔损伤位置，就没有采取有限可靠性结构。还有，在 1988 年发生的 Alloha 航空公司的波音 737 型客机的上半部分在飞行中被吹走的事故中，出现多数的铆钉同时被撕裂的情况，就属于有限可靠性结构考虑方法不能应对的破坏方式。

在损伤容许设计的考虑方法中，积极采用超声波及电磁感应等无损检测技术，可以检出人眼难以发现的裂纹等。

基于破坏力学的成果，与部件中产生的应力相关，能找出裂纹急速扩展的尺寸。而且，还有可能对疲劳裂纹的扩展速度做一定程度的预测。因此，通过无损检测确定确实看到的裂纹尺寸，属于在仍然安全的尺寸范围内检出裂纹，以确保安全的考虑方法。

借由无损检测可以检出的最小尺寸的裂纹，认为是材料中存在的。而且，据此要预测由此裂纹成长到急速扩展尺寸的时间，在此前提下，其间还要执行两次点检检查的整备计划。

若将有限可靠性结构的考虑方法比作“即使脚痛也能移动到安全场所的利用拐杖的方法”，损伤容许设计是“采用定期进行健康检查以保持健康的方法”。

本节重点

有效可靠性结构中存在非有效的局部。

损伤容许设计的考虑方法

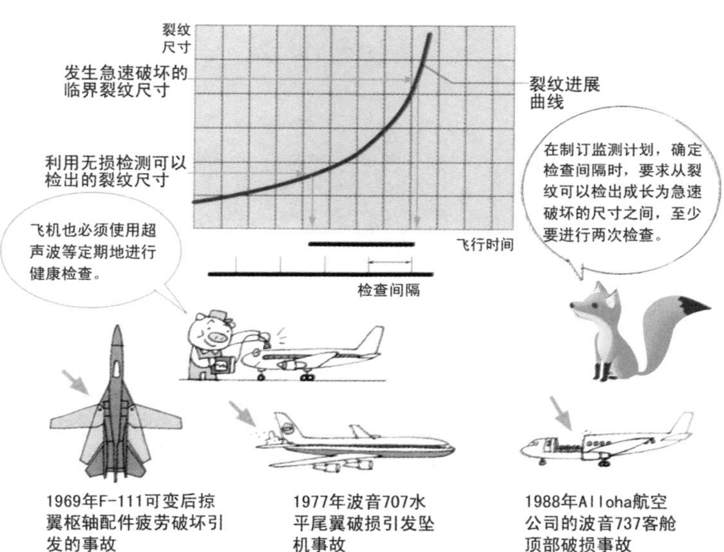

1969年F-111可变后掠翼枢轴配件疲劳破坏引发的事故

1977年波音707水平尾翼破损引发坠机事故

1988年Alloha航空公司的波音737客舱顶部破损事故

无论什么位置，只要采用了非可靠结构，致使其不能有效动作，早晚会酿成致命事故。

机体结构设计方法的历史

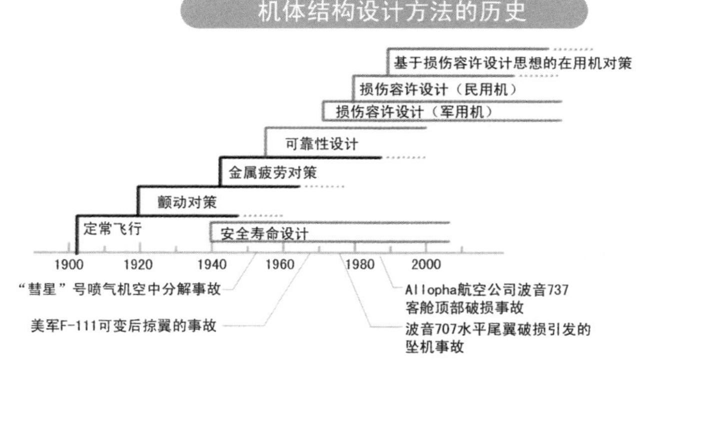

书角茶桌

遇险航班机长如何化险为夷

2018 年 4 月 17 日早上，美国西南航空一架从纽约市飞往达拉斯的航班上发生了惊心动魄的一幕，飞机的左侧引擎在 32500ft（1ft 约合 0.3m）的高空爆炸。引擎碎片打破了客机舷窗，造成机舱急剧减压。乘客上方的氧气面罩从顶部掉落，飞行员迅速将这架波音 737 飞机降至不到 10000ft 的高度，使 144 名乘客和 5 名机组人员能够呼吸，然后在 22min 后将飞机迫降费城。

据美国《连线》月刊网站 4 月 18 日报道，这种事故是极其罕见的，引擎失效和机舱减压同时发生，情况危急，即便对于训练有素的飞行员来说这也是一个非常棘手的问题。

报道称，飞行员首先听到一声巨响，然后感到强烈的震动，因为一台引擎停止了工作。飞机会立即向左倾斜 41°，这个角度是标准转向倾斜角的两倍。飞行员需要纠正航向，飞机则发出警告音和警示信号。飞行员感觉到机内减压，耳内感到疼痛。即使在这种万分紧急的情况下，他们依然沉着冷静，开始执行紧急状况处理清单。

首先，飞行员戴上自己的氧气面罩，确保呼吸顺畅。这些氧气面罩储藏在控制台中，看起来更像是战斗机飞行员的装备，与落到乘客面前的黄色薄杯状面罩大不相同。然后他们开始向地面下降。人们可以在 15000ft 左右的高度呼吸，但飞行员的目标是降到 10000ft 以下，以确保安全。他们避免让已经破损的机身进行大角度俯冲，但尽可能迅速地下降飞行高度。现代化的客机可在约 90s 内下降 20000ft。在下降的过程中，为保持飞机的平衡，飞行员需要调节方向舵、襟翼和其他飞行操纵面，因为飞机一侧已经失去动力。

这架航班上的女机长、美国前海军飞行员塔米·乔·舒尔茨在飞机开始下降前，并没有联系空中交通管制。在俄亥俄州立大学航空研究中心训练飞行员的布赖恩·斯切姆普科夫斯基说："我们从第一天起就告诉学生们，驾驶、控制航向、交流——按照这样的顺序操作。"

第4章

发动机——推力和升力之源

4.1 飞机发动机的分类及特征

喷气式发动机和往复式发动机

与汽车及船舶用发动机相同，飞机发动机也是为前进提供动力（推力）的。对于飞机在空中飞行的情况来说，悬浮于空中的力（升力）也是通过机翼在空中前进时产生的，因此发动机是推力和升力之源。

初期的飞机及现在仍在飞行的Saisna—172型等小型飞机，采用的是将活塞的往复运动，通过曲轴，变换为螺旋桨旋转型的往复式发动机。其与普通的车用发动机属于同种类型。往复式发动机为使输出功率迅速增大，需要加大气缸和活塞的尺寸以增大排气量。第二次世界大战中活跃的战斗机所搭载的星形发动机，在这方面曾达到极致。战后，前面面积（从前面看的面积）小却能获得大推力的喷气发动机已成为航空发动机的主流。

喷气发动机的初期产品，是使压缩空气与燃料的混合气体燃烧，仅通过所获得空气喷流（jet）的反作用力而获得推力的。这种类型的发动机称为涡轮喷气或纯喷气发动机，现在几乎不再使用。现代的飞机中，如图中所示，多采用不仅有喷气，还有称作风扇的扇叶轮旋转，将大量空气压向后方，从而获得推力的涡扇发动机。

利用高速飞行引起的冲击压，从而不需要压缩机等复杂机械的喷气发动机也在开发之中，但目前未达到普及的程度。

本节重点

（1）小型机采用往复式发动机。
（2）客机采用涡扇发动机。

航空发动机(engine)的分类

喷气发动机（燃气轮机发动机）

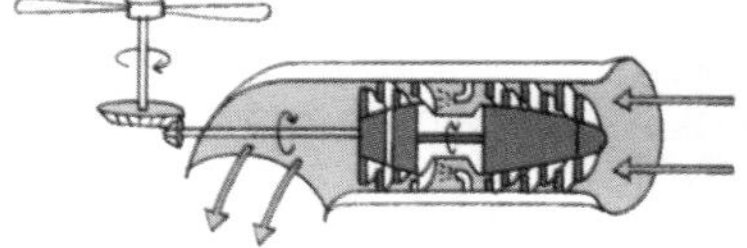

涡轮轴(turboshaft)

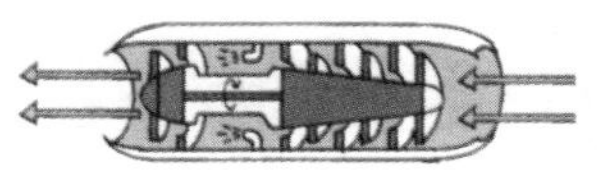

涡轮轴(turboshaft)

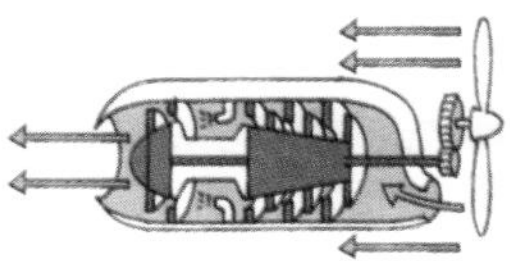

涡轮螺旋桨(turboprop)

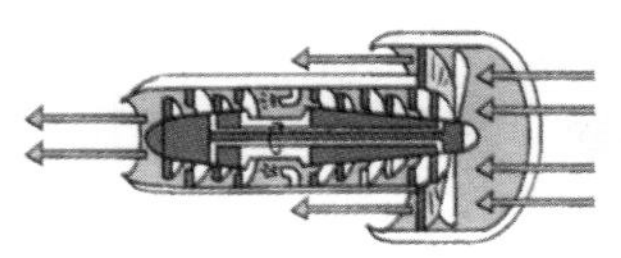

涡扇(turbofan)

往复式发动机(reciprocating engine)(活塞发动机(piston engine))

星形

水平对抗

燃气轮机发动机的推进效率

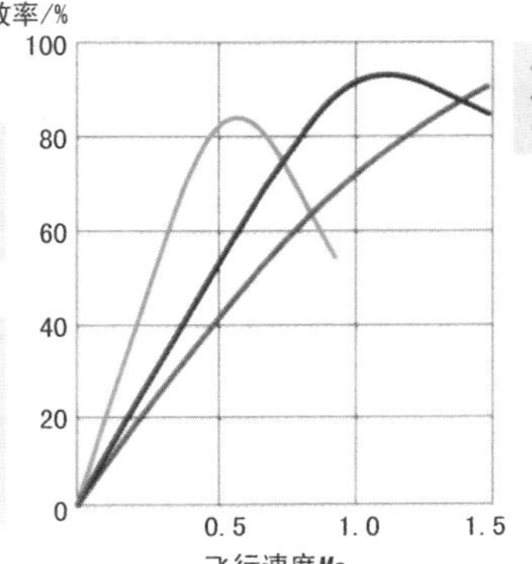

在速度低的领域，螺旋桨推进效率更高。

推进效率
发动机所产生的能量中，变成有效推力能量的比率。

4.2 喷气式发动机的原理

没有空气则橡胶气球不能在空中浮起

若将充气膨胀的橡胶气球的口放开，橡胶气球会向前飞行。喷气发动机产生推力的原理也与此相同。在膨胀的橡胶气球中，充入了比周围压力高的压缩空气。一旦有出口，压缩空气向外喷射（jet）的同时，气球向反方向飞去。这是基于牛顿第三定律，即作用力反作用力定律，必然有与压出空气所必要的大小相同、方向相反的力作用在气球上，将气球向前推所致。

对于气球的情况，一旦气球中的空气全部放出，推力也就不复存在。这样，气球马上便难以抵抗空气阻力，速度迅速下降，最终落地。从机理上讲，喷气式发动机要保证这种喷流连续不断地喷出。

从放出气体喷流，并靠其反作用获得推力的意义上讲，火箭发动机也属于此。在火箭发动机中，使预先搭载的燃料与氧化剂反应燃烧，并喷出气体。这样，即使在没有大气的宇宙空间，也能产生推力，但由于其作用时间受所搭载的燃料和氧化剂的量所限，故通常以秒、分计，是相当短的。

飞机用的喷气式发动机，由于在大气中飞行，因此可以方便地利用周围的空气。在喷气式发动机中，要吸入周围的空气，将其压缩，进一步与燃料混合，使之燃烧产生高能量，作为喷气向后方排出，获得推力。由此便构成燃料消耗不高、可长时间续航的发动机。

对于一个大气压、0℃的空气来说，$1m^3$ 的质量大约为 13kg。喷气式发动机的推力由单位时间喷出的空气的量（质量流量）和喷出气体的速度决定。为获得大的推力，或者增加喷出空气的量，或者提高喷出速度，但二者实现起来都需要下一番功夫。

本节重点

（1）喷气式发动机产生的推力来自喷出气体的反作用。
（2）喷气式发动机吸入周围的空气与燃烧气体共同喷出。
（3）喷气式发动机产生的推力由喷出气体的质量流量与其速度决定。

喷气式发动机(jetengine)的原理

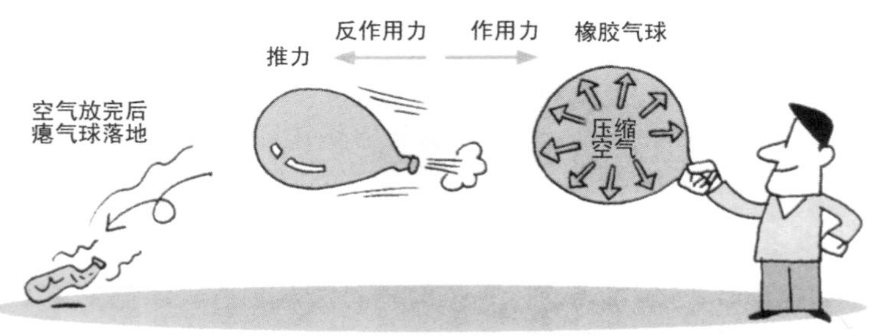

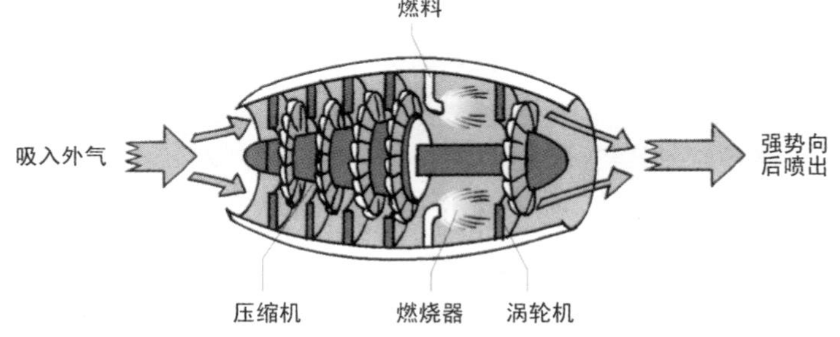

4.3 喷气式发动机的构成

四个行程的循环相同但工作原理不同

在往复式发动机中，吸入、压缩、燃烧、排气这四个行程在气缸内按顺序进行，此循环反复进行。喷气式发动机也同样有这四个行程。喷气式发动机与往复式发动机的最大不同在于这四个行程各自在专用的部位非断续而是连续地进行。

喷气式发动机极具特征的构成要素是涡轮机。驱动压缩机的动力，并非来自外部，而是由发动机内部调配得到。在燃烧气体喷出过程中，其能量的一部分由被称为涡轮机的机构取出，使通过轴（shaft）与之相连的压缩机旋转。在涡轮扇发动机中，使前面的大型风扇转动的动力也由涡轮机获得。作为直升机发动机的涡轮轴发动机及螺旋桨飞机的涡轮螺旋桨发动机，喷出气体的能量几乎全部由涡轮机获得，作为使旋翼及螺旋桨旋转的动力。

喷气式发动机由5个基本要素组成：①空气吸入口；②使空气压力升高的压缩机；③喷射燃料并使其燃烧的燃烧器；④由喷出气体向压缩机等提供驱动力的涡轮机；⑤向外部喷出燃烧气体的喷嘴。

最近开发的发动机都向着模块化方向发展，即将发动机分割成几个相对独立的单元，既易于调整又易于更换。例如，发动机的某一部分工作不正常，可以更换出现问题的单元，这样，发动机可以很快重新投入运行。

燃烧器以后部分由于接触高温燃烧气体，故称为高温耐热部件，以便与其他非接触高温燃烧气体的部件相区别。尽管高温耐热部件使用耐热材料，但是仍然需要注意高温腐蚀及热疲劳、蠕变等高温环境下引起的故障等。

本节重点

(1) 喷气式发动机四个行程与往复式发动机相同。
(2) 喷气式发动机连续燃烧工作。

喷气式动机的构成

喷气式发动机

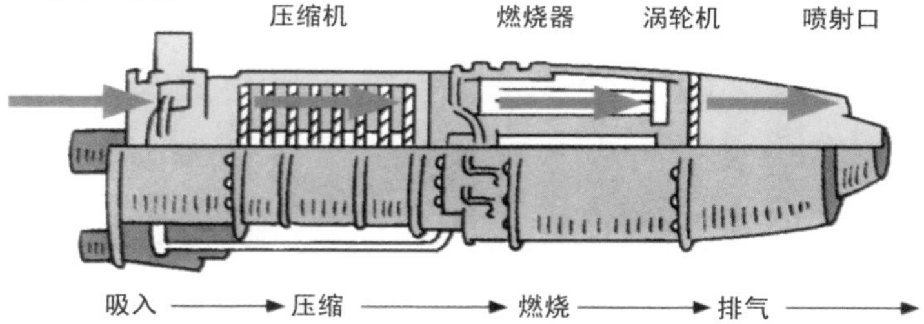

压缩机　燃烧器　涡轮机　喷射口

吸入 → 压缩 → 燃烧 → 排气 →

往复式发动机

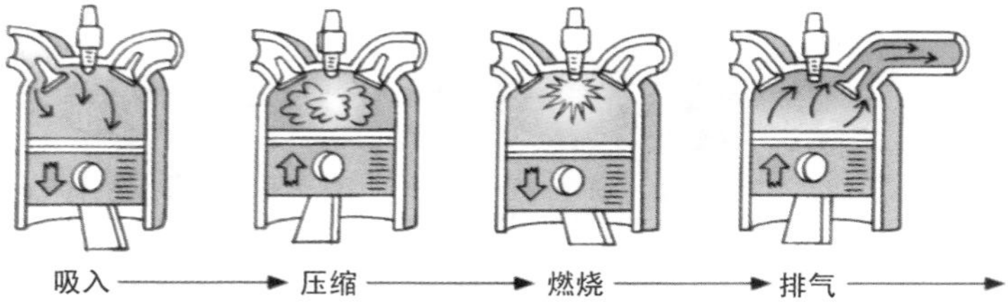

吸入 → 压缩 → 燃烧 → 排气 →

涡轮扇发动机

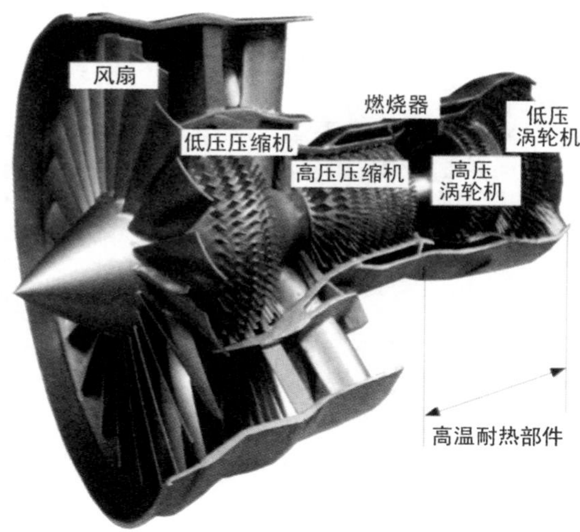

4.4 涡轮风扇发动机的构造及对材料的要求

镍基超级合金的出现迎来了喷气式飞机时代

航空燃气涡轮发动机是喷气式飞机的主要动力装置，为飞机提供推进力。其分为四种类型，即涡轮喷气发动机、涡轮风扇发动机、涡轮螺旋桨发动机、涡轮轴发动机。这些发动机中均有压缩机、燃烧室和驱动压缩机的燃气涡轮，因此称为燃气涡轮发动机。

工作时，进入发动机的空气经压缩机压缩提高压力、减小体积后进入燃烧室，并与喷入的燃油（航空煤油）混合后燃烧，形成高温高压燃气，再进入驱动压缩机的燃气涡轮中膨胀做功，使涡轮高速旋转并输出驱动压缩机及发动机附件所需要的功率。

现代航空发动机中的总压比越来越大，高压压缩机出口处的空气温度已高达 500 ～ 600℃或更高，一般钛合金已经不能承受。为此，在绝大多数发动机中，压缩机的后几级轮盘均采用高温合金——镍基超级合金制作。

镍基合金是指在 650 ～ 1000℃高温下有较高的强度与一定的抗氧化腐蚀能力等综合性能且以镍为基础的一类合金。按照主要性能又细分为镍基耐热合金、镍基耐蚀合金、镍基耐磨合金、镍基精密合金与镍基形状记忆合金等。高温合金按照基体的不同分为：铁基高温合金、镍基高温合金与钴基高温合金。其中镍基高温合金简称镍基合金。

镍基合金中主要合金元素有铬、钨、钼、钴、铝、钛、硼、锆等。其中 Cr、Ti 等主要起抗氧化作用，其他元素有固溶强化、沉淀强化与晶界强化等作用。

20 世纪 50 年代后期，由于涡轮叶片工作温度的提高，要求合金有更高的高温强度，但是合金的强度高了，就难以变形，甚至不能变形，于是采用熔模精密铸造工艺，发展出一系列具有良好高温强度的铸造合金。60 年代中期发展出性能更好的定向结晶和单晶高温合金以及粉末冶金高温合金。在从 20 世纪 40 年代初到 70 年代末大约 40 年的时间内，镍基合金的工作温度从 700℃提高到 1100℃，平均每年提高 10℃左右。

本节重点

(1) 涡轮风扇发动机中何处工作温度最高，需要选用什么材料？
(2) 何谓镍基合金，按其主要性能又细分为哪几种？
(3) 镍基合金的主要合金元素及其作用。

涡轮风扇航空发动机的截面图

航空发动机的构造

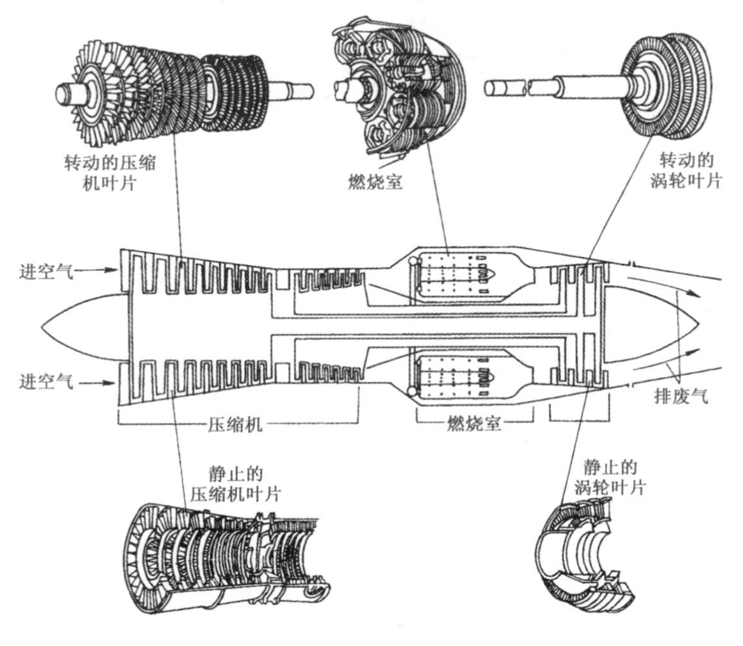

4.5 吸入外气并使其压力升高的压缩机

非封闭情况下对空气实施压缩

若能在经过压缩的压力高的空气中，使更多燃料高效率地燃烧，喷射出高能量的气体，就能获得高的推力。将从外部吸入的空气升高压力的机械便是压缩机。

喷气式发动机的压缩机采用的是在不使空气封闭，而是连续流动的情况下，使空气压力升高的方式，有离心式压缩机和轴流式压缩机两种。前者利用旋转的叶轮产生的离心力使压力升高。由于离心式压缩机多级化较难，要想提高压缩比不得不加大前面的面积。因此，除了在涡轮轴发动机及 APU（辅助动力装置）等比较小型的发动机中使用外，大型的涡轮风扇发动机都采用轴流式压缩机。

轴流式压缩机是使空气交互通过旋转的叶轮（动翼）和不旋转的叶轮（静翼），而依次将其压力提高的方式。靠高速旋转的动翼对空气加力、加速，使全压（动压＋静压）升高。同时，翼间的流道在出口侧变宽，因此抑制了轴向的速度上升，进而使静压上升。通过使下一级动翼和静翼的组合（称为段），再一次加速、减速，如此反复，一步一步地使压力上升。尽管一段（动压＋静压）的压力上升有限，但通过多段（级）化就能获得大的压缩比。

轴流式压缩机的动翼，正如其名称所表示的，其断面取翼的形式。一旦空气相对于该动翼的流动不能保持适当的角度，则引起压缩机失速（compressor stall），这将有损于压缩空气的功能。

为了回避压缩机失速，在轴流式压缩机中，一般附设调整空气流速的抽气阀和调整静翼角度的可变静翼角度控制阀（variable stator valve）。

本节重点

（1）压缩机有离心式和轴流式两种类型。
（2）轴流式借由静翼与动翼的组合实现多段化。
（3）压缩机中气体逐段通过，依次升压。

轴流式压缩机与离心式压缩机的构造

转子（旋转）

叶轮（旋转）

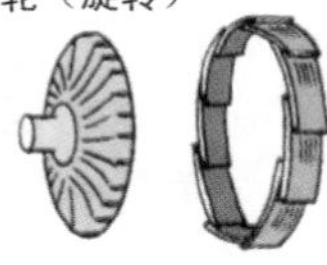

轴流式压缩机　　离心式压缩机

轴流式压缩机的空气流动与速度和压力

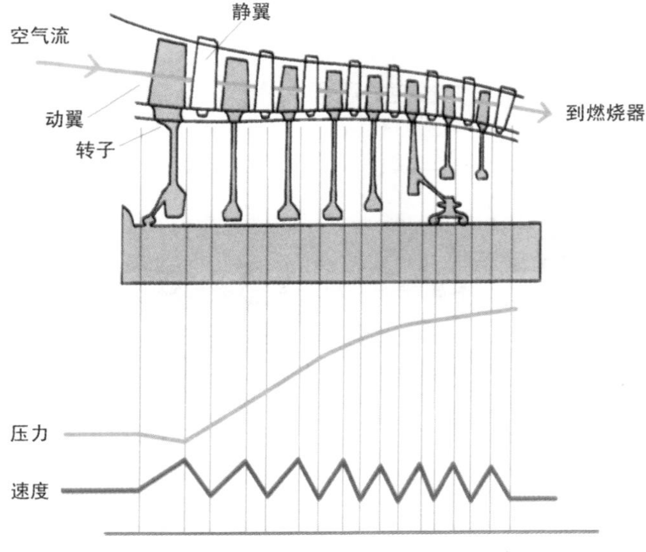

轴流式压缩机的空气流动与速度和压力的关系

4.6 在高压的空气中喷射燃料，使其燃烧的燃烧器

边燃烧、边冷却

燃烧器的作用有两个，一是在从压缩机送来的大量的高压空气中喷射燃料，产生混合气体；二是使混合气体燃烧。与往复式发动机不同，喷气式发动机的燃烧室并非密闭，在不伴随有压力增加的情况下，通过燃烧产生体积膨胀的气体，作为喷流向后方喷出。

喷气式发动机的燃烧器应具有高效率且能持续稳定燃烧的功能。为实现效率良好的燃烧，必须保证燃料与空气的恰当比率（混合比）。在燃料喷嘴附近的燃烧区域，为了达到合适的混合比（大致 1:15），需要仅限制来自压缩机的一部分空气的流入。而且，由于在燃料喷嘴附近，特意设有产生空气涡流的机构（旋转叶轮），在防止由于空气流速下降致使火焰被吹灭的同时，必须保证空气与燃料的均匀混合。

对燃烧器的另一个要求是，受限于后方涡轮机的耐热要求，应尽量降低涡轮机入口空气的温度。要从 2000 ～ 3000℃ 的燃烧温度，下降至 800 ～ 1300℃。来自压缩机的空气中未用于燃烧的空气要作为冷却剂使用，使之从燃烧器的各处流入。来自压缩机的空气中，有大约 75% 用于冷却。

在此过程中，对燃烧器所要求的另一个功能是使空气的流动尽可能平缓，以减少压力损失。为使这样的功能得以充分发挥，燃烧器的形状也曾发生过一系列变化。初期，采用并排筒状燃烧器套管（liner）的枪型，其后采用过改良型的套管（cannular）型，现在几乎都采用环形（doughnut）燃烧器套管的环状（annular）。对于燃烧器套管来说，需要对高温环境下易发的腐蚀采取必要对策，在使用耐热合金的同时，还需涂覆陶瓷耐热涂层。

本节重点

（1）燃烧器为非密闭状态工作。
（2）燃烧器分燃烧区域和混合区域。
（3）燃烧器空气的 3/4 用于冷却。

燃烧器的种类

条筒型燃烧器
并排有筒状的燃烧器衬套

环形燃烧器
带有环室型燃烧器衬套

为防止燃烧器衬套高温腐蚀，
需要采用耐热合金。

燃烧器中空气的流动

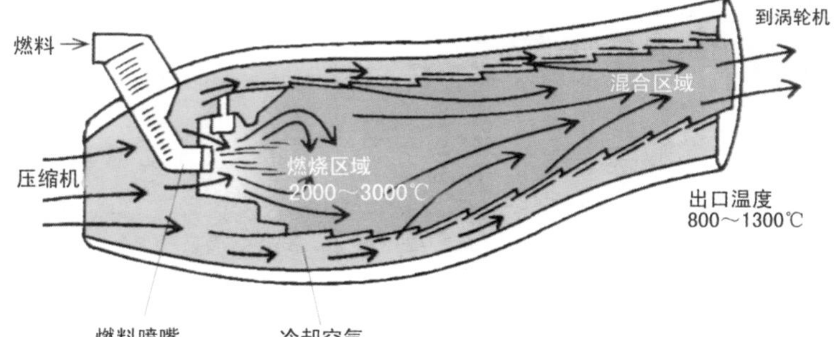

为了使入口温度2000～3000℃下降至出口温度800～1300℃，需要使用空气。
为此，来自压缩机的空气有大约75%被用于冷却。

4.7　从喷出气体获得力的涡轮机

动力自行提供

涡轮机从燃烧器喷出的气流中获得驱动压缩机及风扇等的驱动力。

涡轮机与压缩机有相似的形状。与离心式压缩机正好相反的是径向涡轮机；与轴流式压缩机正好相反的是轴流式涡轮机。

轴流式涡轮机由在可旋转的圆盘（disk）上镶嵌大量可活动叶片（涡轮机动翼）的动子，和有序排列固定叶片的定子相对布置而构成。称每一列喷嘴和动翼的组合为级。由于通过涡轮机将压力的能量变换为旋转动能，每通过一级，压力都会降低。

喷嘴的作用，是相对于动翼调整气流为适当的方向，与此同时，使气体的流速增加。为使速度增加，借由喷嘴使出口流道变窄。

气体冲击动翼的冲击力，变成驱动动翼盘旋转的力。主要通过冲击力使动翼盘旋转型的涡轮机称为冲动式涡轮机。最近开发的涡轮机，在气体通过动翼的同时，利用气体向旋转方向相反的流动，即利用其反作用力，叠加在旋转力上。在这种情况下，动翼的出口流道也要变窄，并增加速度。

无论是涡轮机的喷嘴还是动翼，都受到高温气体的长时间作用，因此对其耐热性提出很高要求。不但要使用耐热合金，还要涂覆耐热涂层，而且在喷嘴和动翼内侧还要供应来自压缩机的空气，以便有效冷却。这些空气由无数小孔中流出，在部件的表面流动并覆盖表面，以隔绝高温气体，起到保护材料的目的。

本节重点

（1）涡轮机获得压缩机旋转的动力。

（2）涡轮机将压力能量变换为旋转能量。

（3）冲动式涡轮机和反冲动式涡轮机。

利用涡轮机驱动压缩机

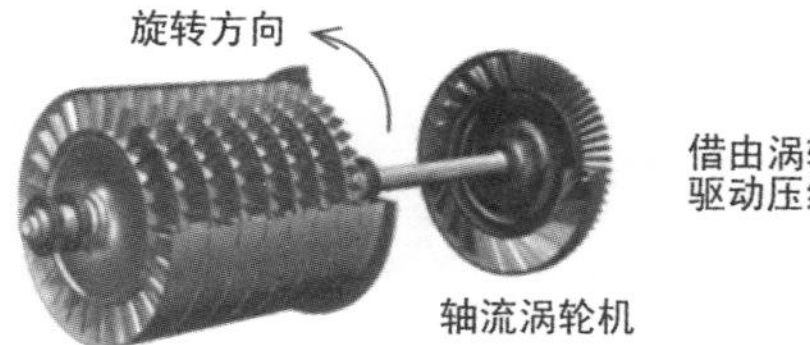

涡轮机的喷嘴与动翼的关系

喷嘴　动翼

旋转方向

喷嘴　动翼

旋转
方向

4.8 驱动飞机前进的推力

推力由空气的量（质量流量）和速度共同决定

对喷气式涡轮机所要求的性能，主要有燃料消耗（燃料消费率）低、轻量、不易发生故障、环境友好等，但无论哪一种，其核心决定因素都是推力。

喷气式涡轮机的推力，可以用简单的公式来表示。即推力可表示为单位时间（每秒）喷出的空气量（流量质量）与其速度的乘积。称此值为总推力（gross thrust，合成推力 ）。

飞机在停止状态很简单，但在飞行中，要排开空气而前进，必然受到空气的阻力（压头阻力 = 空气的惯性阻力）。此值为空气的吸入量 × 机体的速度。从总推力中扣除空气阻力部分而剩余的由发动机传至机体的即为净剩的推力。称此推力为净剩推力（net thrust）。在陆地上使发动机启动时，总推力 = 净剩推力。

对于涡轮扇发动机来说，加上从发动机后方排出的喷气，借由旋转风扇向后方压出空气也会得到推力。涡轮扇发动机的推力是风扇产生的推力和发动机在后方产生的推力之和。

作为发动机的性能通常表示的标称（额定）推力，是在海拔0m 的海平面上标准大气状态时的值。依气温及气压等大气状态的不同而产生的推力是不同的。在 12000m 的高空，空气密度仅为陆地上的大约四分之一，即使吸入同样体积的空气，以相同的速度排出，产生的推力也只有四分之一。但是，由于高空空气密度低，意味着机体受到的阻力也小，为了等速飞行，由发动机产生的克服阻力的推力自然要小，从而有可能实现燃料消耗小，即低燃耗的飞行。

本节重点

（1）总推力 = 质量流量 × 速度。
（2）净剩推力 = 总推力－压头推力。

喷气发动机的推力

如果按牛顿运动定律分析，并不难理解。

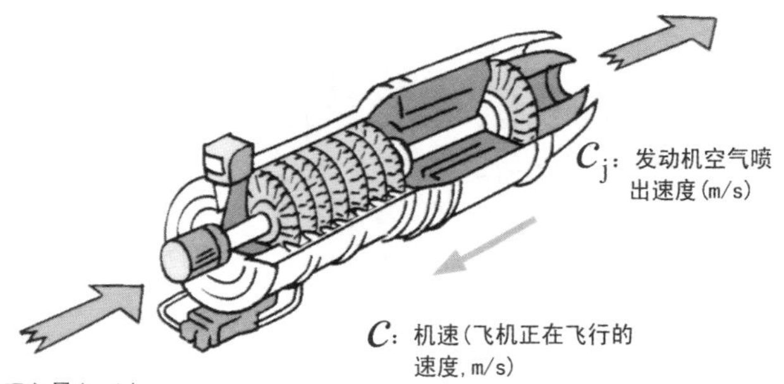

喷气发动机的推力表达式

总推力：$F_g = m_j c_j \approx m_a c_j$

压头推力：$F_r = m_a c$

净剩推力：$F_n = F_g - F_r = m_a (c_j - c)$

4.9 随机种不同而异的燃料

喷气燃料并不采用汽油

使用往复式发动机的小型机用燃料，是辛烷值高的航空用汽油(gasoline)。与之相对，大型客机使用的喷气燃料是煤油(kerosine)系燃料。

汽油的着火点低，若空气中存在适当浓度的汽油蒸气，只要存在静电电火花等极小的点火源，常温下自不必说，即使低于零度的气温下，也能简单地点火。

与之相对，煤油的点火温度要高得多，蒸气温度若不高于37℃则不会点火。万一燃料撒落在飞机跑道上，只要路面温度比着火点低，即使存在点火源，也不会起火。

在喷气式发动机中，仅需启动时一次点火，而对燃烧的继续性（不容易灭火）及发热量的多少更为优先考虑。战斗机用燃料，采用煤油成分和汽油成分大约各占一半的混合油系。这种油品在低温及高高度下的点火性能优异。

对于喷气燃料来说，因规格不同而异，对可能成为故障原因的有害成分含量有严格限制。对作为腐蚀原因的硫含量要求很严，重量比限制在0.3%～0.4%以下。基于储存中发生劣化（氧化）而形成所谓“橡胶”杂质，燃烧中产生分解生成物等方面考虑，烯烃（olefine）属碳氢化合物的体积含量要求在5%以下等，与通常的煤油相比有更严格的质量要求。

燃料通常储存于位于机翼的燃料箱中，借由自动控制系统在对压力及流量控制的同时供给喷气燃烧时的燃料喷嘴。为了防止燃料箱内由于结露而形成的少量水分冻结成冰造成的危害，要通过防冷液及来自高压压缩机的高温空气的热交换进行加温。

本节重点

(1) 往复式发动机采用高辛烷值汽油。
(2) 大型客机采用航空煤油。
(3) 战斗机采用宽着火点范围的油品（煤油和汽油混合物）。

航空燃料的种类

种类	用途	名称	类型	相对密度	着火点
往复式发动机用燃料	搭载往复式发动机的小型机用	航空用汽油	高辛烷值 有铅汽油	0.72	-45℃
喷气式发动机用燃料	运输机用	Jet-AI(JP-5)	航空煤油	0.78~ 0.85	40~70℃
	战斗机用	Jet-B(JP-4)	宽着火点范围 (煤油+汽油)	0.75~ 0.80	-40℃以下

飞机的种类不同所使用的燃料各异

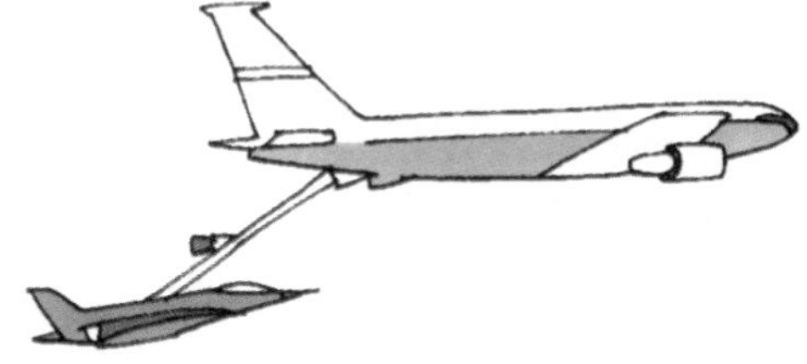

战斗机用燃料：宽着火点范围油品（航空煤油+汽油）

- 低温时及高温下的点火性能优良。

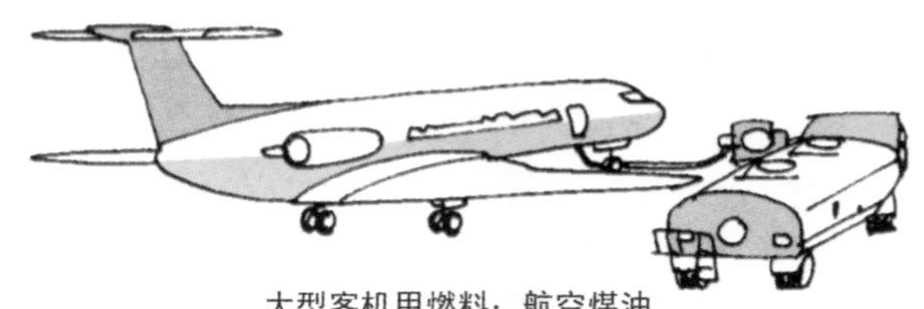

大型客机用燃料：航空煤油

- 喷气式发动机的点火一次成功且不易灭火，发热量大。与航空汽油相比，着火点高，安全性好。

小型机用燃料：高辛烷值汽油

- 点火性能优异。

书角茶桌

基础研究到应用研究

20世纪初，阿伦·格里菲斯任职于英国皇家航空研究所。他测量了长玻璃纤维的强度，发现玻璃做得细长之后强度会提高。正是基于这一事实，建立了作为今天破坏力学基础的“Griffith 理论”。

但是，正是这位 Griffith 先生，从上司那里却得到“立即终止所进行的研究”的命令，不允许他再进行材料强度的研究。但不久，他与助手一起在夜里继续进行研究，使主要的研究题目得以持续。

使 Griffith 再一次登上历史舞台的，是他当时成为计划中的轴流式(压缩机、涡轮机)喷气发动机(AJ65)的开发者。这种发动机的开发成功，使罗尔斯·罗伊斯 (Rolls-Royce) 公司成为世界著名的飞机发动机厂商。

第二次世界大战之后，英国掌握喷气式客机时代的霸权。但是，早期的喷气式客机在投入航空运营后不久，便先后有3驾飞机发生空中分解而坠毁的重大事故。依据此后的调查研究，发现发生事故的原因是当时人们还不知晓的，由于金属疲劳造成的裂纹扩展而引起的，特别是，对如何延长疲劳寿命未加考虑。

由 Griffith 创立的断裂力学，确立了支持今天飞机设计基本的“损伤容许设计”的理论。而且，靠纤细纤维来增加强度的事实，已经由纤维增强复合材料实现实用化，作为飞机材料已获得广泛应用。依据美国波音公司的基本设计，大量使用由日本的纤维厂家生产的 CFRP（碳纤维增强复合材料）的新型客机波音787，就使用了罗尔斯·罗伊斯公司制造的发动机，目前已飞越世界各地。Griffith 如果看到今天的场景，将做何感想呢？

第 5 章

航运安全系统

书角茶桌

5.1　为大型飞机提供操纵力的油压系统

小型机可由人力操纵，但一般采用油压系统

驾驶员坐于驾驶舱中，在观视前方的同时，还要通过调整副翼（flap）、辅助翼（aileron）、方向舵（rudder）、升降舵（elevator）等，对飞机实施操纵。对于小型飞机来说，通过人力操作操纵杆及脚踏板，施加的力通过金属丝（杆）传递而起作用。但是，随着机体变大，所需要的力也变大，单靠人的手脚已无能为力。因此而登场的便是液压系统。

借由液压系统，利用帕斯卡原理可以产生更大的力。若通过液压泵对油施加压力，即使液压泵的力很小，但可使执行侧产生与面积成比的很大的力。

实用上，油可按非压缩性流体来处理。即，即使受压力作用，其体积也不发生变化。这样，就可以对例如副翼向上、向下的位置以及速度等进行高精度的调整，因此是十分有利的。与采用空气介质的情况相比，力的传递既灵敏又准确。为构成液压系统，离不开对介质油施加压力的液压泵和活塞，以及响应机械力实施动作的执行器（actuator）。为此，还需要改变油路方向的切换阀，以及存放介质油的储油箱。

驾驶舱的操作可以由金属线直接执行，也可以变换为电气信号，再传输到切换阀和液压泵进行控制。

为防备万一发动机全部停止运转，致使液压泵动作的电气和气动装置丧失功能的紧急情况，液压系统中还设有便于操作的手动泵，也可以打开机体外的风车以便驱动油泵运转。借由这些非常用装置，即使发动机停机，也能控制机体保持正常状态。

对于液压系统来说，无论什么位置一旦漏油，整个系统则失去传输力的作用。为保证安全，实际上都采用多系列化（子系统）方式，任何位置出现的故障，只是对局部而不会对全局造成影响。

本节重点

（1）利用帕斯卡原理可以产生更大的力。
（2）液压系统动作位置与速度精度要好。
（3）液压系统的多系列化（子系统）方式十分必要。

帕斯卡原理

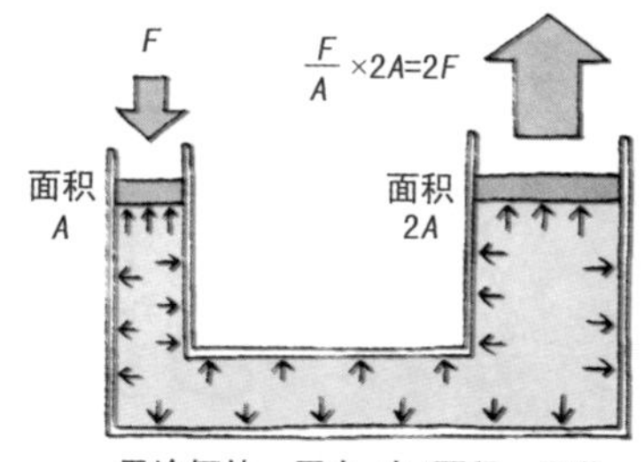

无论何处，压力=力/面积，因此力=面积×压力。

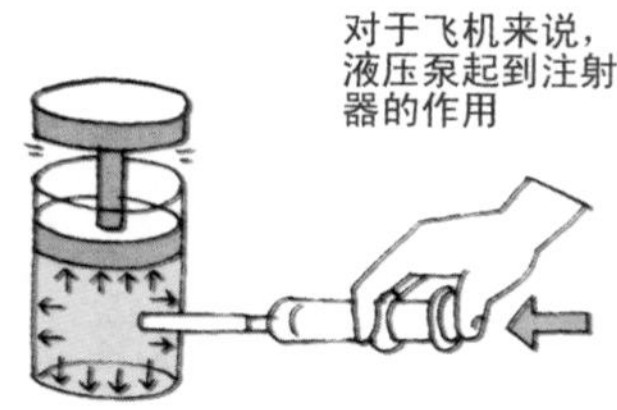

借由作用部位的面积不同，由小的力便可产生大的力。

油压机构

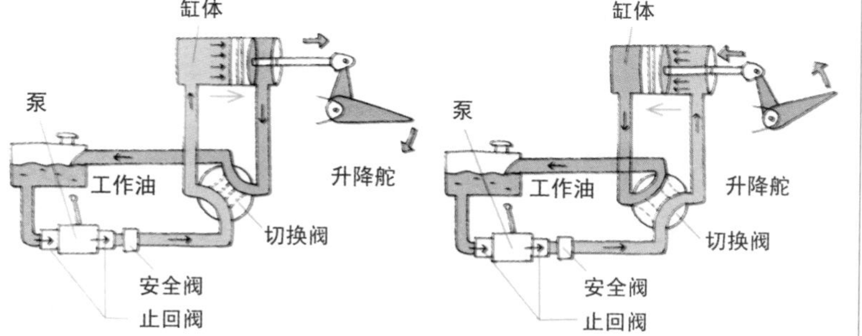

发动机停止情况下的工作机构

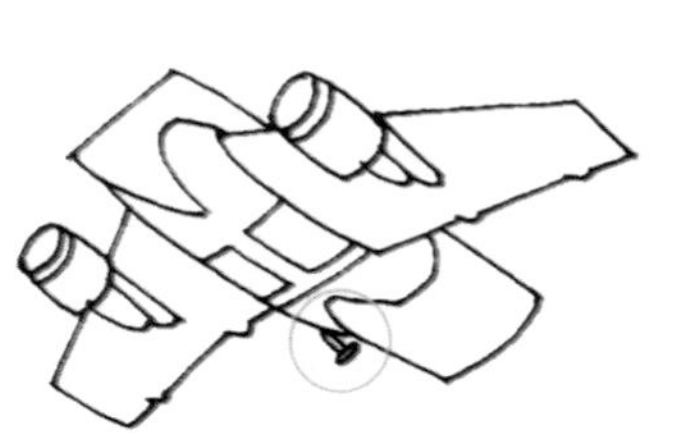

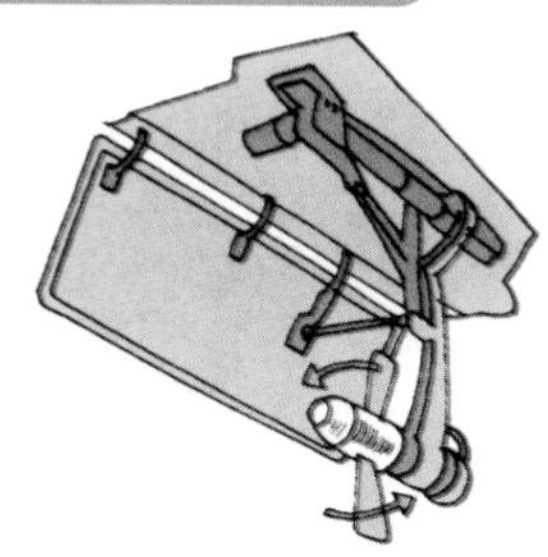

因引擎停车或燃油耗尽后液压泵不能动作的情况，借风力动

利用柱塞空气的液压泵（像风车那样旋转）

RAT(ram air turbine)是安装在大型客机

5.2 提供舒适空中旅行环境的舱压、空调系统

即使在 10000m 的高空也非常舒适

人习惯于在大约一个大气压的环境下生活，气压过高或过低身体都会感觉不适。随着高度上升，气压变低，由于不能呼吸足够的氧气，会患缺氧症。在不同高度，人靠自主呼吸，在不发生身体状态变化的情况下，向体内提供所需要的氧气，依个人而异多少会有些差异，但以 3000m 为限。人们搭乘客机在 12000m 的高空飞行，身体之所以感觉没发生重大变化，是由于即使飞机周围的气压下降，但客舱内保持足够的空气压力，该压力称为舱压（cabin pressure），它是由舱压系统维持的。

对于保持舱压的机体来说，机窗、机门等也不能泄漏空气，要求良好密封。假如完全密封而空气不能出入，则客舱需要保持一定的压力。但是，采取保持客舱内压力的结构，一味追求空气一点也不泄漏的考虑方法并不现实。通常，借由位于机体后部称作逸出阀的调整阀，一点一点地向机体外部放出空气，通过调整阀门的开合度来调整客舱内的压力。而且，万一由于逸出阀发生故障致使客舱内的压力过高时，为避免机体破坏之忧，针对这种情况而设置了空气外逸的安全阀。

在保持舱压的客舱内，通常的情况下空气向着安全阀缓缓地流动。由高空外部直接取入的空气若不加处理，其压力很低，因此要用压缩机加压。驱动此压缩机旋转的动力，是由发动机的压缩机输出的高压空气。

有时会遇到外部的空气低到 −40 ~ −50℃ 的极冷场合，因此需要对导入客舱内的空气进行温度与湿度的调节。舱压系统也对客舱内起空调作用，在控制压力的同时向客舱供应新鲜的、使人感到舒适的空气。

本节重点

（1）取入外气并加压而后送入机舱。
（2）舱压系统对客舱兼具空调作用。
（3）借由向外的溢出阀调整舱压。

舱压、空调的概要

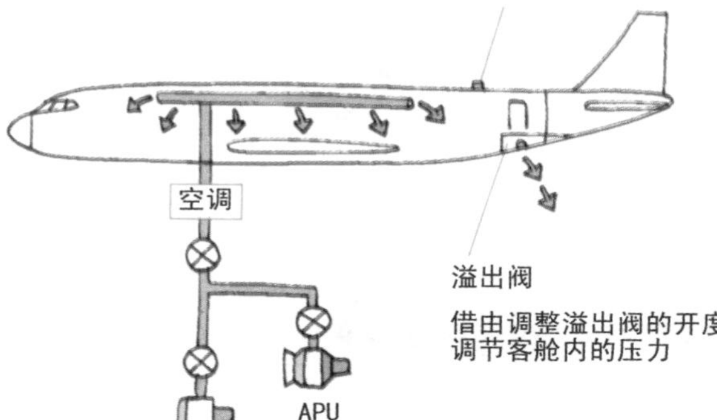

从起飞到着陆，机舱内的高度气压与飞行高度关系

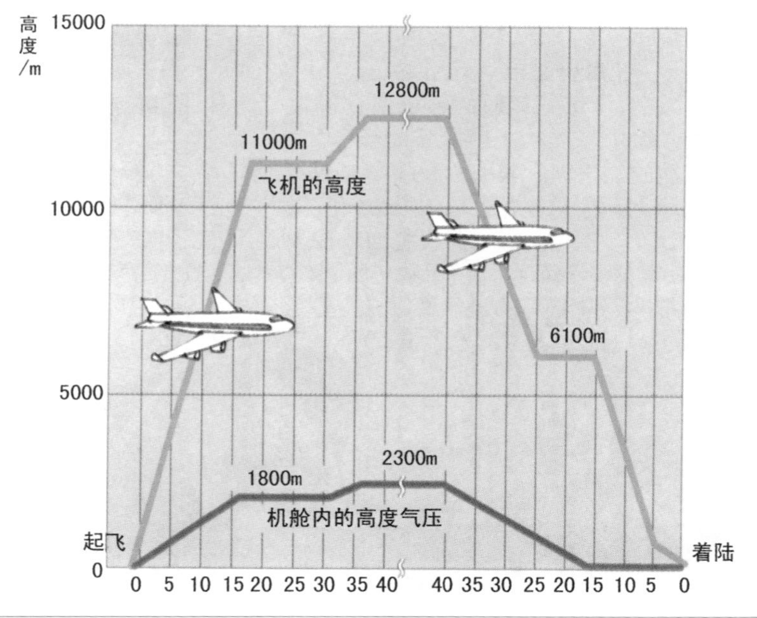

5.3 依机型而异的氧气供应系统

备紧急情况用的氧气面罩

对于战斗机来说，不特设舱压系统，即使提供舱压，其压力也比客机低得多。这是为了防止万一飞机中弹时发生像气球那样破裂的机体损坏。对于超高度飞行的战斗机来说，驾驶员要穿戴抗荷服，以保护身体不受低压力之害。同时还备有氧气面罩，遇到急速上升和急速下降的情况，通过氧气面罩向驾驶员输送足够的氧气。

而且，即使采用舱压系统的客机，在遇到由于某些故障及事故等导致机舱内空气压力不能保持的情况下，直到机体下降到安全高度之前的一段时间内，为了防止氧缺乏症的出现，每个乘务员和旅客都要将氧气面罩戴于口鼻处，由氧气供应系统供给足够的氧气。

作为氧气的供给源，有下述的三种方法：

①压缩气体氧，装入瓶中；

②使氧液化，装入瓶中；

③在机体内储存氯化钾等富含氧的化合物，必要时通过化学反应使之发生所需要的氧。

利用化合物作为氧供应源的场合，与利用气瓶的场合相比，简便易行，在每个面罩附近配置一个小小的单元即可。DC10 及波音 767、波音 777 等较新的客机中都设置了这种通过化学反应发生氧气的装置。

客舱的氧气面罩具有自动下落的功能，即，当客舱内的压力下降到比设定的压力（通常 0.7 个大气压：与大约 3000m 高的山顶气压相当）低时，氧气面罩会自动脱落到乘客面前。当然，驾驶员判断有必要的场合，用手动也可以使氧气面罩随时落下。

通常，驾驶员用的氧气面罩是应呼吸需求而供应氧气的“按需分配”型，而乘客用的是定流量的“定量供应”型。

本节重点

(1) 战斗机必须配置舱压服和氧气面罩。
(2) 氧气供给的三种方法。
(3) 紧急情况时氧气面罩会自动脱落到乘客面前。

使用气体氧的氧气供给系统

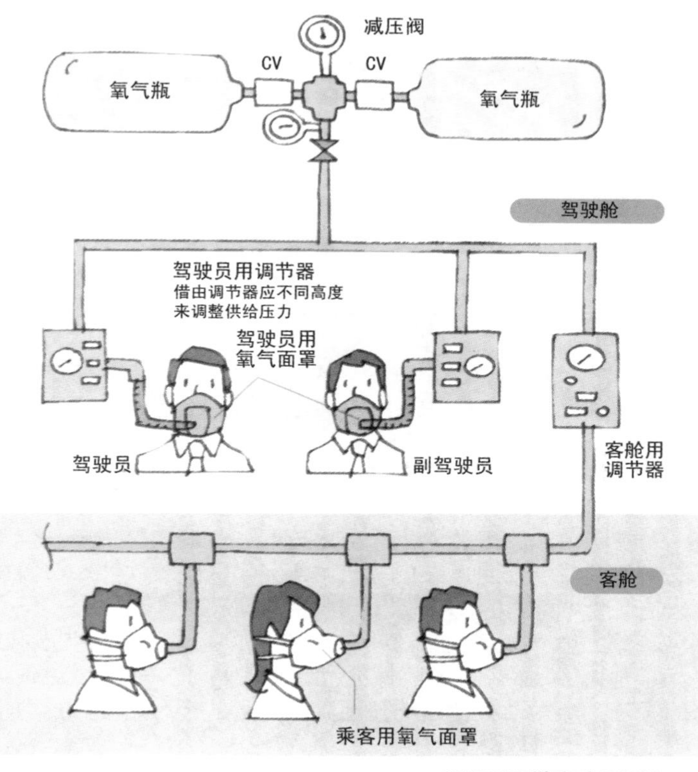

由于驾驶员用氧气面罩采用的是按呼吸需求供应氧气的“按需分配”型，因此一个面罩配一个调节器。

乘客用的氧气面罩采用以一定流量连续供应的“定量供应”型。

5.4 防止结冰的防结冰、除冰系统

如何去除结于机翼表面的冰

对于汽车及火车等地面交通工具来说，在寒冷地带如何克服由于结冰引起的麻烦是一个很大的问题。空中飞行的飞机，驾驶舱的窗一旦结冰，就会妨碍视线，各种传感器上一旦结冰，驾驶员则难以判断飞机的状态。因此，飞机都设有防止结冰的防冰以及去除结冰的除冰系统。

对于驾驶舱的窗来说，与汽车相同，备有喷射挡风玻璃清洗液的装置，这在一定程度上也有防除冰效果。进一步还可以在采用多层玻璃的部分玻璃上流过电流加热，在皮托管等传感器中利用电加热进行加热等。对于去除狭小面积上的冰来说，利用电加热是有效的，但对于机翼这种很大面积的情况，电加热则显得无能为力。

飞机机翼的形状极为重要，表面上一旦结冰，会造成空气流的紊乱，致使升力减少、阻力增加。当然，所结冰的部分也会造成机体重量的增加。为此，机翼上设有专门的除冰装置。

对于小型螺旋桨飞机来说，通过配置柔软的橡胶管，在必要的场合，借由空气压力使管子膨胀，由其胀裂冰而加以去除。这是一种被称为除冰罩的空气式除冰装置。注意在管子膨胀裂冰之后必须使其快速返回原来的形状。在利用橡胶管的除冰装置中要配以抽取管中空气的真空泵以及喷射器。

在搭载喷气发动机的飞机中，利用由发动机、压缩机抽出的暖气（bleed air）在机翼前缘部位循环来防冰，即采用热预防结冰的方法。由发动机抽出的高温高压空气，经过温度和压力调整装置被送至机翼周围。

本节重点

（1）翼面结冰导致飞行不稳定。
（2）胀管除冰法。
（3）由发动机送暖风的除冰法。

使用除冰罩除冰

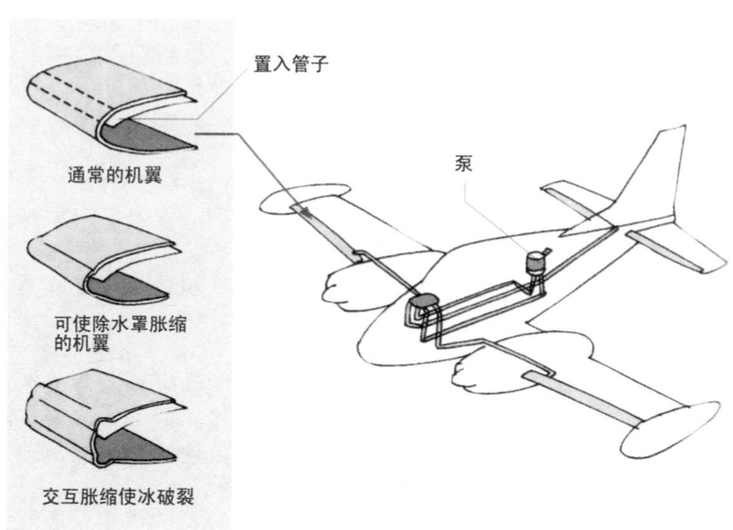

利用发动机放出的空气防冰并除冰

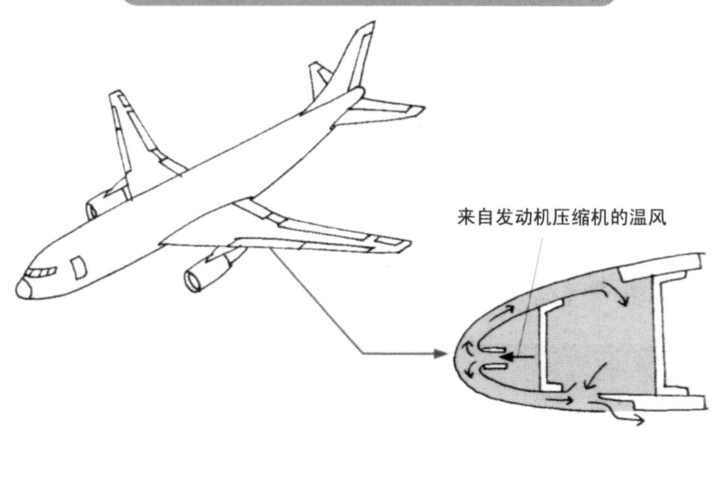

5.5 确保向发动机供给燃料的燃料系统

除了向发动机顺畅输送燃料外，还有许多要求

燃料由位于机翼中的燃料箱供给发动机。对于大型客机及运输机来说，在许多情况下几乎整个机翼都作为燃料箱而使用。燃料的重量具有使机翼承载的弯曲载荷减小的作用。另外，随着燃料的减少，机翼的重量变化，对飞机的飞行姿势也会产生影响。因此，燃料从何处开始使用，要精细确定和控制，即使从处于关闭的各油箱位置也能随时对各个发动机供给所需要的燃料。

遇到飞机因某种故障必须着陆时，在留有必要最小限度燃料的情况下，需要将燃料放出。这是为了尽可能减小机体重量，缩短着陆距离，使万一发生火灾的场合下灾害达到最小限度。为此也设置了燃料放出管线。

燃料切断会造成发动机停转，这对于飞行中的飞机是致命的。从燃料箱到发动机，需要不发生中途切断而连续供给必要量燃料的系统。在气压低的条件下，离心型泵的叶轮高速旋转，管线中的燃料会发生气化，作为连续液体被切断，致使燃料难以流动。因此管线中还要设置排除这种气体的装置和管路。

对于搭载往复式发动机的小型机来说，燃料的供给量由驾驶员操纵驾驶舱中节流阀的控制杠杆，变化阀门的开合度进行调整。在搭载喷气式发动机的最新式飞机中，都采用被称作全自动数字式电子控制器（full authority digital electronic control，FADEC）的燃料控制系统。

驾驶员将上调推力和下调推力的意思通过施力杠杆（操纵杆）的操作来传递，以监测到的发动机转速、温度、压力等数据为依据，经计算机计算，应状态需求供应最适量的燃料。

本节重点

(1) 可靠地向发动机输送燃料。
(2) 使用燃料时应考虑机体的平衡以及材料的强度。
(3) 还设有应急燃料放出管线。

大型客机的燃料供给系统概略图

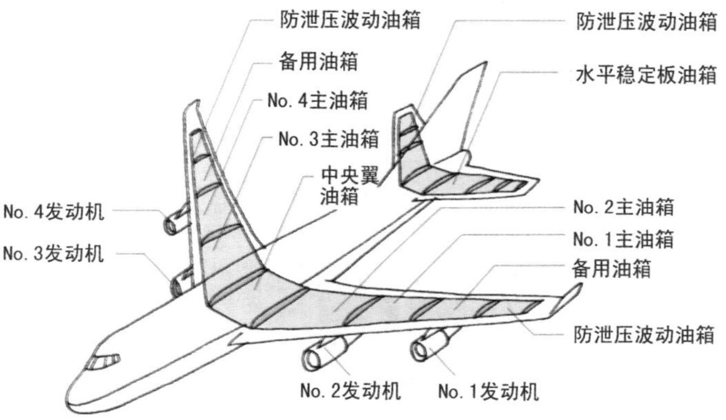

防泄压波动油箱
备用油箱
No. 4主油箱
No. 3主油箱
中央翼油箱
No. 4发动机
No. 3发动机
防泄压波动油箱
水平稳定板油箱
No. 2主油箱
No. 1主油箱
备用油箱
防泄压波动油箱
No. 2发动机
No. 1发动机

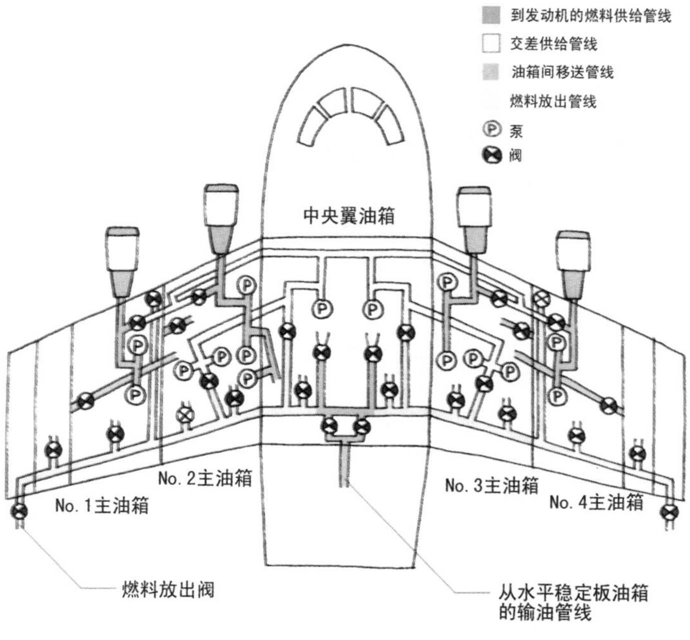

到发动机的燃料供给管线
交差供给管线
油箱间移送管线
燃料放出管线
Ⓟ 泵
阀

中央翼油箱
No. 2主油箱
No. 1主油箱
No. 3主油箱
No. 4主油箱
燃料放出阀
从水平稳定板油箱的输油管线

5.6 交直流均可用的电源系统

飞机中都要搭载发电机

客机上使用交流和直流两种电源。作为交流电源，使用115V、400Hz 的三相交流电，这是飞机的主电源。对于必须使用直流电源的位置，是将交流电变换成 28V 的直流电而使用。

遇到因某种原因交流电源失效的情况，备用的镍－氢电池（越来越多的飞机采用锂离子电池）作为直流 24V 的非常电源投入使用，利用逆变器产生交流电。作为主电源的交流电流，通常由主发动机驱动的发电机产生。发动机开始发动前，飞机上的电力由地面上的外部电源供应。在没有地面外部电源设备的机场，以及为了出发，外部电源切断之后，需要利用机体上设置的辅助动力装置驱动发电机，以确保电力供应。

由于发电机靠发动机旋转，发动机的转速变化会引起输出频率的变化。因此，飞机用发电机中都装有使输出保持一定的恒速驱动单元（CSDU）。装有这种附件的发电机称为 IDG。

飞机上使用的交流电频率采用 400Hz，与 50Hz 或 60Hz 的商用电源相比，频率要高近 10 倍。电源的频率高，有利于各种部件的小型化。长距离送电因频率高会造成损失及相关问题，但飞机内的范围和距离有限，不至于产生大的问题。飞机的电气设备全部布置在母线之下，并将其按电源的种类（AC/DC）和负荷的重要性进行分割。例如，机舱内的炊事器具与导航装置及通信装置的重要性显然是不同的。通过母线（bus）分割将重要性低的负荷分离，这样，在起飞时就可能仅对飞行必要的负荷供电。

本节重点

（1）客机的主电源采用 400Hz、115V。
（2）使发电机的转数保持一定的装置 CSDU。
（3）通过母线（bus）分割将重要性低的负荷分离。

飞机的主电源

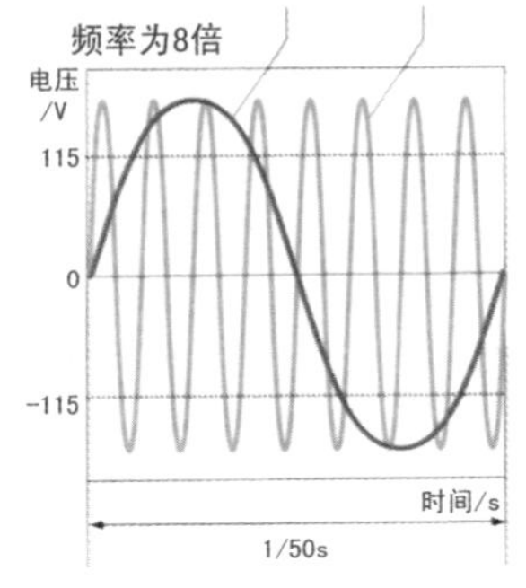

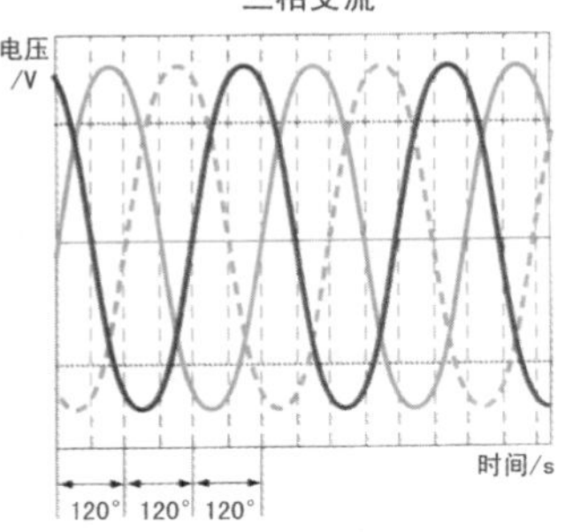

飞机用发电机的原理

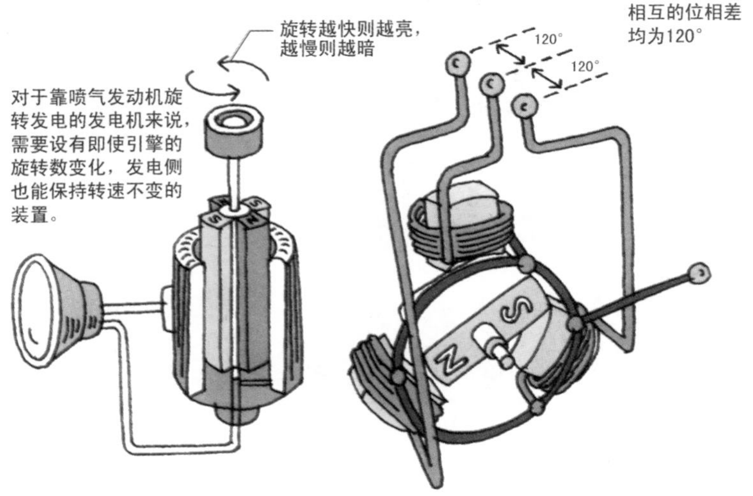

发电方法与电动自行车的发电机相同，
都是靠永磁体在线圈中旋转发电

三相交流发电机

5.7 用于发动机启动的辅助动力系统

还有一个隐藏的发动机

发动机启动时需要外来的助力。也就是说，主发动机启动需要别的动力。

摩托车需要脚踩踏板驱动发动机的轴旋转。汽车靠蓄电池供电借助马达的力使发动机启动。对于搭载往复式发动机的小型机的情况，采用与汽车相同的方式，通过马达使发动机启动。

对于大型机中搭载的涡轮扇发动机来说，若使用马达来启动，所占体积毕竟有点过大。因此，用于主发动机启动的小型喷气式发动机通常搭载在飞机的最后端。称这种不是为了发生推力的动力装置为辅助动力系统（auxiliary power unit，APU）。

由 APU 产生的压缩空气，使与主发动机齿轮箱相连接的启动涡轮机旋转，从而带动主发动机开始旋转启动。此压缩空气除了对主发动机产生推力之外，从压缩机取出的压力高的空气还具有作为可利用的压缩空气，以及通过与主轴相连接的发电机作为电力供应源的作用。APU 作为使主发动机启动用和驱动发电机的压缩空气发生装置，而发挥辅助功能。

APU 与主发动机的很大区别在于，前者在制造中要高精度地保证按一定转速旋转，而后者应飞行状态不同，其旋转数是发生变化的。对于发电机来说，旋转数变化会导致频率、电压变化，当然是不希望的。由于 APU 并非以发生推力为目的，因此平常可以以确定的转速旋转。对于与 APU 相连接的发电机来说，由于通过齿轮箱驱动，对其提供按最佳旋转数旋转的力，因此不需要调整旋转数的 CSD。

本节重点

(1) 辅助动力系统（APU）用于主发动机启动。
(2) 小型涡轮轴发动机通过马达使发动机启动。
(3) 辅助动力系统（APU）供给压缩空气和电力。

辅助动力装置APU的概要

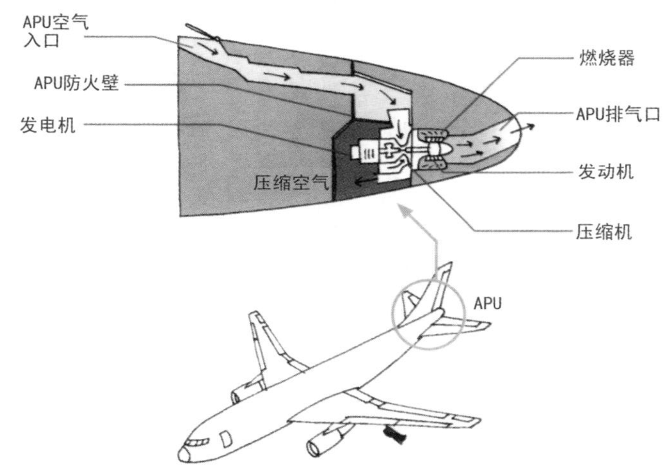

使主发动机启动

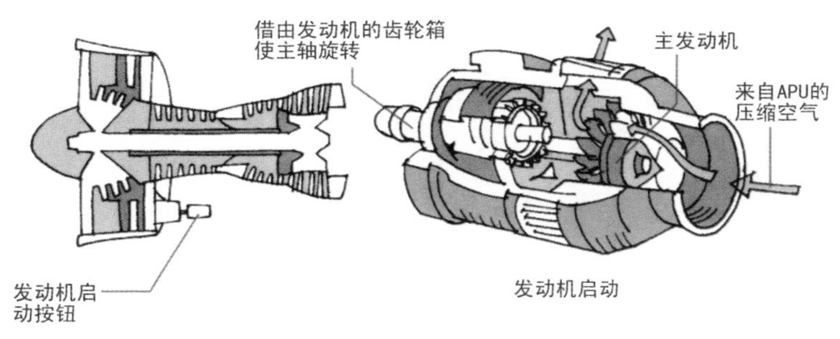

5.8 天线与电磁波

与地面通信所使用的电磁波

在电磁波通信法中，定义电波为“频率在 3×10^{12}Hz 以下的电磁波”，其属于低频率、长波长的电磁辐射。频率超过 3×10^{12}Hz 的电磁波按“光”来处理，电磁波的频率越高，其性质越接近光。

电磁波由同一方向传播的“电场”和“磁场”所构成。电场和磁场相互作用，在振动的同时向前传播。电场和磁场的振动方向相互垂直，而传播方向垂直于二者决定的平面，三者之间符合右手关系。通常，按电场振动的垂直于大地的分量和平行于大地的分量，分别称为垂直偏振波和水平偏振波。对于天线来说，实用中一般要求该偏振面在接收侧与发送侧保持一致。例如，由垂直的天线发出的电磁波要由垂直的天线接收等。

由于电磁波随频率不同性质有变，因此按频率的范围（频带），将其划分并称为长波、中波、短波等。通常，飞机通信使用的是 HF（短波：3 ～ 30MHz）、VHF（超短波：30 ～ 300MHz）、UHF（极超短波：300 ～ 3000MHz）。

频率相对较低的 HF，在通信领域广泛应用，但易受雷电及大气状态的影响，而且装置很大。UHF 可以做到装置小型化，且不易受大气的影响，但在通信领域的应用仅限于很窄的范围。平衡的结果，更多的是选用 VHF。

对于民用飞机来说，与地面的无线通信采用 VHF。HF 通常在需要远距离通信的国际航班上搭载。而 UHF 在军用机上搭载。

现在的通信形式，要求接收与发送使用同一频率，通话时按下发送按钮，通话结束时松开按钮，称此为 PTT（push to talk）方式。

本节重点

（1）飞机是机身上带机翼且装有发动机的飞行器。
（2）民用机采用 VHF。
（3）军用机采用 UHF。

电磁波传播中电场与磁场的关系

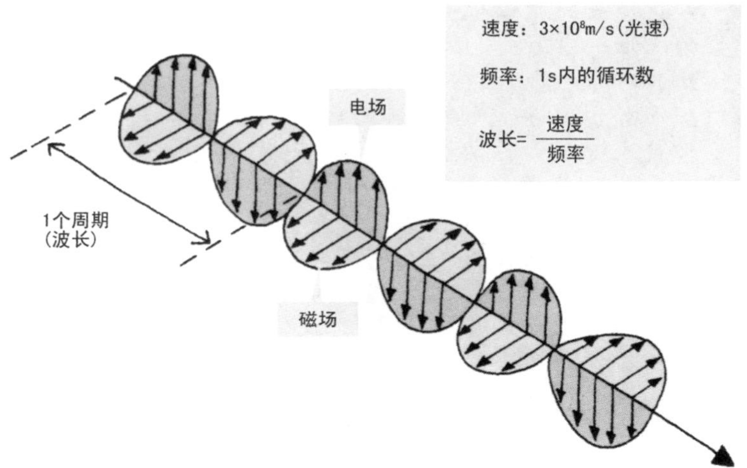

电磁波的频率与波长

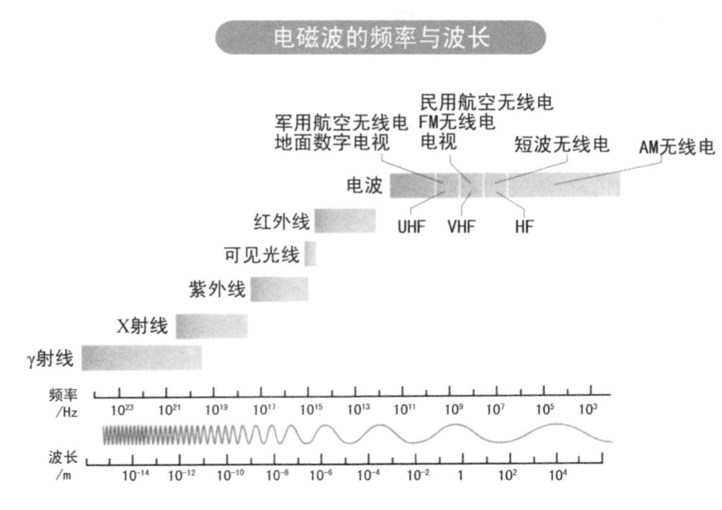

书角茶桌

常挂于心的疑问

经过漫长的探索和研究，人类终于在20世纪跨出了关键性的一步——飞机飞越天空。即使以理论为根据的设计，在运用到实际中，也往往会有不同的结果，再回来进行补充、修改、丰富，从而形成更完善的理论。

即使在今天，作为航空技术最基本的升力的解释，仍有重大争论。其中，一部分教科书上所述“流经机翼上方的空气与流经机翼下方的空气，在机翼的后缘必须同时到达，因此流路长的上部的流速快，因此产生升力”，无论在实验上还是理论上都已被否定。这种说法的可疑处在于，即使相同翼型的机体，背面飞行也是可能的。而且，通过风洞实验证实，机翼的上侧气流显著被加速通过，与下侧分流的气流不能同时汇合。

对于上了教科书理论，今天却产生疑问，在驾驶飞机的飞行中也会体会到。其中一个是尾旋旋回（spin，“钻孔”）的原因。所谓尾旋旋回，是指飞机及滑翔机，恰似像树叶落下那样，处于边旋转边下落的状态。一般来说，“失速时，再加上由于外滑（skidding）引起的摇摆，受失速程度左右的机翼，而使尾旋旋回加速。”果真是如此吗？

失速有助于向着尾旋旋回转移也已经确认。但是，失速后难以确立尾旋旋回，相反，即使在浅迎角下也容易转变为尾旋旋回。而且，即使是具有防止失速特性的鸭式布局的飞机也会引发尾旋旋回。这便是用前边讲到的理论不能说明的现象。

尽管以上假说仍处于尚为完成阶段，因此，不断提出疑问是十分必要的。如果不带着疑问，仅按照教科书学习，则难以获得理论及技术的发展。因此，多问几个“为什么”“如何做”，尽管学习道路是曲折，但学习收获是扎实的，最终还能体会到学习的乐趣。

第6章 高强轻质的飞机材料

6.1 各类工程材料的屈服强度对比

相差几个数量级

屈服强度是材料的重要力学性能之一，标志着材料在承受载荷时抵抗塑性变形的能力。各类材料的屈服强度范围如图所示。

常用工程陶瓷的屈服强度都很高，SiC、Si_3N_4、Al_2O_3 及各种碳化物的强度值高于所有金属，但它们塑性极低，断裂应变值几乎为零。

纯金属的屈服强度很低，且强度随着材料纯度及合金成分的不同可在很大范围内变化。超纯金属的屈服强度仅为 1 ~ 20MPa，而工业纯金属的强度可提高一个数量级，加入合金元素后强度又可再提高一个数量级。与陶瓷不同的是金属常具有良好的延性，这一优点为材料的冷成形提供了必要条件，同时冷成形时的加工硬化又显著提高了金属材料的强度。此外，不少金属可以进行热处理，热处理也能大幅度改变材料的强度和塑性。

聚合物的强度一般比金属低得多，即使是强度最高的聚合物，仍低于金属中强度较低的铝合金。然而用聚合物制成复合材料后，其强度可大幅度地提高，如用碳纤维增强的复合材料，其强度已经明显地超过铝合金的水平，若以比强度来考虑，复合材料更优于金属。

本节重点

(1) 何谓屈服强度，结合图示说出几种典型材料的屈服强度。
(2) 解释纯金属一般不选作结构材料的原因。
(3) 提高金属材料屈服强度的措施有哪些？

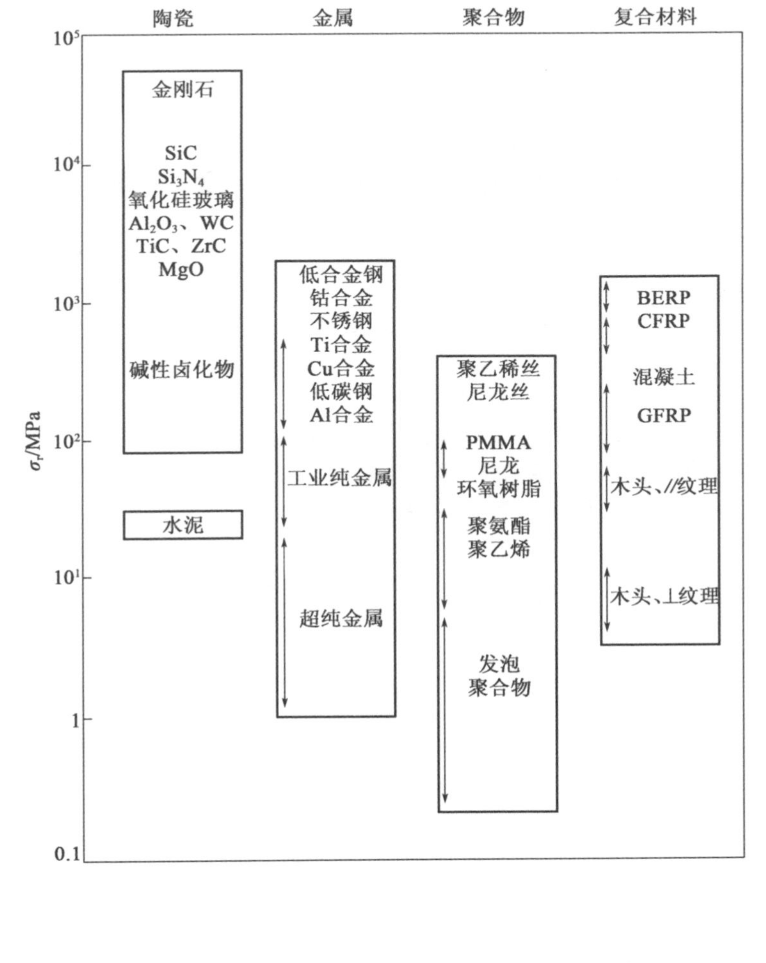
各类工程材料的屈服强度对比
陶瓷
金属
聚合物
复合材料
10^5
10^4
10^3
10^2
10^1
1
0.1
σ_r/MPa
金刚石
SiC
Si_3N_4
氧化硅玻璃
Al_2O_3、WC
TiC、ZrC
MgO
碱性卤化物
水泥
低合金钢
钴合金
不锈钢
Ti合金
Cu合金
低碳钢
Al合金
工业纯金属
超纯金属
聚乙稀丝
尼龙丝
PMMA
尼龙
环氧树脂
聚氨酯
聚乙烯
发泡
聚合物
BERP
CFRP
混凝土
GFRP
木头、//纹理
木头、⊥纹理

6.2 不同材料的比强度和比模量

材料密度对于飞机来说“举足轻重”

材料的比强度是指抗拉强度除以其体积质量。选用高比强度材料可设计出重量轻的机械构件。在工程中，弹性模量用于表征材料对弹性变形的抗力，即材料的刚度，其值越大，则在相同应力下产生的弹性变形就越小。在机械构件或建筑结构设计时，为了保证不产生过大的弹性变形，都要考虑所选用材料的弹性模量。因此，弹性模量是结构材料的重要力学性能之一。在某些情况下，例如选择空间飞行器用的材料，为了既保证结构的刚度，又要求有较轻的质量，就要使用“比弹性模量”的概念来作为衡量材料弹性性能的指标。**比弹性模量是指材料的弹性模量与其单位体积质量的比值，亦称为“比模量”或“比刚度”**。

在结构材料中，具有共价键、离子键或金属键的陶瓷材料和金属材料都有较高的弹性模量，一般陶瓷的比弹性模量都比金属材料的大；而在金属材料中，大多数金属的比弹性模量相差不大，只有铍的比弹性模量显得特别突出。高分子聚合物由于分子键结合力弱，因此其比弹性模量较低。

复合材料由于结构的特点，其比强度比金属明显提高，许多复合材料的比模量更是远高于金属。几种单一材料与聚合物基复合材料的比强度和比模量如图所示。

本节重点

（1）解释大多数金属的比强度和比模量均低的原因。
（2）解释碳纤维增强环氧树脂基复合材料比强度和比模量均高的原因。
（3）解释金属铍的比模量高的原因。

几种单一材料与聚合物基复合材料的比强度和比模量

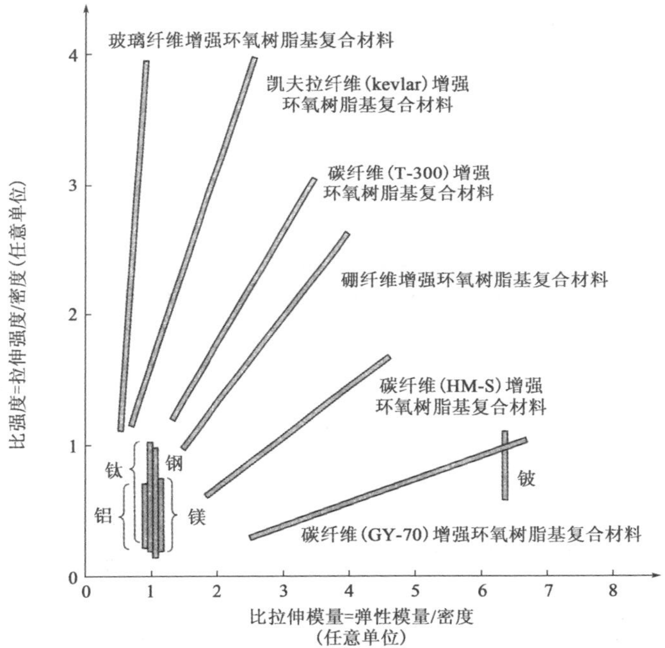

几种材料的比强度和比模量

材料	密度 /(g/cm³)	抗拉强度 /10³MPa	弹性模量 /10⁵MPa	比强度 /10⁷(m/s)²	比模量 /10⁷(m/s)²
钢	7.8	1.03	2.1	0.13	0.27
铝合金	2.8	0.47	0.75	0.17	0.27
钛合金	4.5	0.96	1.14	0.21	0.25
玻璃纤维复合材料	2.0	1.06	0.4	0.53	0.20
碳纤维/环氧复合材料	1.45	1.50	1.4	1.03	0.97
有机纤维/环氧复合材料	1.4	1.4	0.8	1.0	0.57
硼纤维/环氧复合材料	2.1	1.38	2.1	0.66	1.0
硼纤维/铝复合材料	2.65	1.0	2.0	0.38	0.75

6.3　材料选择的重要指标比强度和比刚度

仅具有高强度还不能满足要求

飞机的结构材料要承受飞机受到的各种各样的力，要求其具有不发生破坏且保持其形状的强度。与此同时，对于飞机用材料来说，还要求轻量，这是空中飞行必不可少的。但实际情况是，高强度特性与轻质特性往往矛盾存在，鱼和熊掌难以兼得。

即使强度低的材料，只要做得粗大，承受大的力也是有可能的。这是因为，材料的强度可以表示为单位横截面积上材料所能承受的最大力。所谓高强度材料，意味着小横截面积就能承受大的力。物体的重量（正确地讲是质量）除以体积就可以求出密度。密度小意味着相同体积下更轻。

在工程上，某个量被与之相关的量相除经常被采用。这样做可以对范围更广泛的物质（包括存在和目前尚不存在的）进行比较。

若质量除以体积，则金、银、铁、铝等的区别会十分明显，这是由于密度的因素起了很大作用。材料能耐多大的力再除以横截面积，就能知道材料的强度。

由此再进一步将材料的强度除以密度，显然，在相同强度的条件下，密度越低，得到的商越大。以此可以表征材料的性质。称强度／密度所表征的材料的指标为比强度。

除了比强度之外，比刚度也是评价航空材料的重要指标。所谓刚度是表示材料受力时发生变形难易程度的指标，而比刚度定义为刚度／密度，显然，在相同刚度的条件下，密度越低得到的商越大。以此可以表征材料的性质。

对于飞机用材料来说，疲劳强度及耐热、耐腐蚀等也是必要的特性，依使用部位不同，要求各异。有些部位对此要求极高。尽管要根据不同用途选择合适的材料，但比强度和比刚度是材料选择中必不可少的考虑因素。

本节重点

（1）航空材料要求高强和轻质兼备。

（2）比强度＝强度／密度，解释比强度代表的物理意义。

（3）比刚度＝刚度／密度，解释比刚度代表的物理意义。

主要材料的比强度

材料			密度 /(kg/m³)	抗拉强度 /MPa	比强度 /(MPa·m³/kg)
一般材料	铁系	纯铁	7800	100	0.013
		结构用钢 (SS400)	7800	400	0.051
		不锈钢 (SUS304)	8030	600	0.075
	铝系	纯铝 (A1100)	2700	100	0.037
		窗框用铝合金 (A6063)	2700	300	0.111
飞机用材料	铝合金	A2024-T4	2700	500	0.181
		A7075-T6	2800	600	0.214
	钛合金	Ti6AI4V	4500	1200	0.267
	铁系(钢)	4340M	7800	1800	0.231
	复合材料	CFRP	1800	1600~4500	0.89~2.50

抗拉强度和比强度

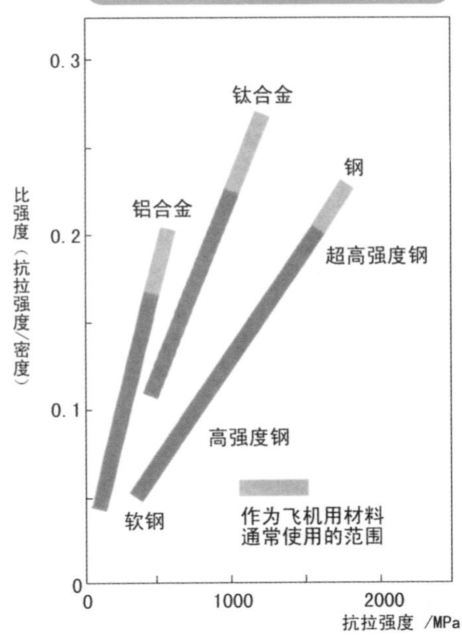

6.4 支撑飞机发展的铝合金

飞机可以说是铝合金块

飞机中使用金属中最多的是铝合金。飞机在 20 世纪的大约百年间获得迅速的、大规模的发展，而在材料侧支撑其发展的是轻而强的铝合金的发明。

1 分～ 1 角硬币使用的是纯铝，其强度不高。金属作为机械材料及结构材料而使用的场合，一般要在作为基础的金属中添加少量的其他元素而使用。由此做出的材料称为合金。制成合金后金属的性质会发生很大的变化。其变化远比 1+1=2 要大得多。

铝合金中有许多不同的种类。其中在飞机机体中主要使用的是称为杜拉铝（duralumin）的铝合金，规格牌号（序号）为 2000 和 7000 系列。尽管属于铝，但与一般使用的结构用钢材相比，其强度有过之而无不及，被分类为高强度铝合金。

其代表是称作超杜拉铝的 A2024 和超超杜拉铝的 A7075。A7075 是以第二次世界大战中使用的 ESD（extra super duralumin）为原型，由日本开发的，在现代的飞机中也大量使用。

A2024 和 A7075 的优势在于轻而强度高，但也有弱点。一个是容易腐蚀。例如，从货物中流出盐水对于飞机来说就是难以解决的问题。实际上，对飞机进行涂装的主要目的在于防腐蚀。

另一个弱点是，焊接容易出现缺陷。一旦焊接部位产生的缺陷成为裂纹扩展的起点，则有可能引发威胁飞机安全的大规模机体结构破坏的事故。因此，时至今日，在飞机制造中，部件和部件的连接仍然采用历史悠久的铆接工艺。

本节重点

（1）杜拉铝的发明支撑了飞机的发展。
（2）杜拉铝容易腐蚀。
（3）杜拉铝不宜采用焊接工艺。

铝合金牌号

A 2 0 24 P - T 3

- A：表示铝合金（JIS）在美国的AA规格不采用A
- 2：表示主要的合金成分
  - 1：纯度99.00%以上的纯铝
  - 2：铝-铜系
  - 3：铝-锰系
  - 4：铝-硅系
  - 5：铝-镁系
  - 6：铝-镁-硅系
  - 7：铝-锌-镁系
  - 8：其他
- 0：制定顺位
  - 0：基本合金
  - 1~9：改良型
- 24：固有编号
- P：形状　P表示板
- T：调质
  - F：制造状态(不作处理)
  - O：退火
  - H：加工硬化处理
  - T：热处理
- 3：处理的种类　热处理、加工硬化

波音747中使用的铝合金

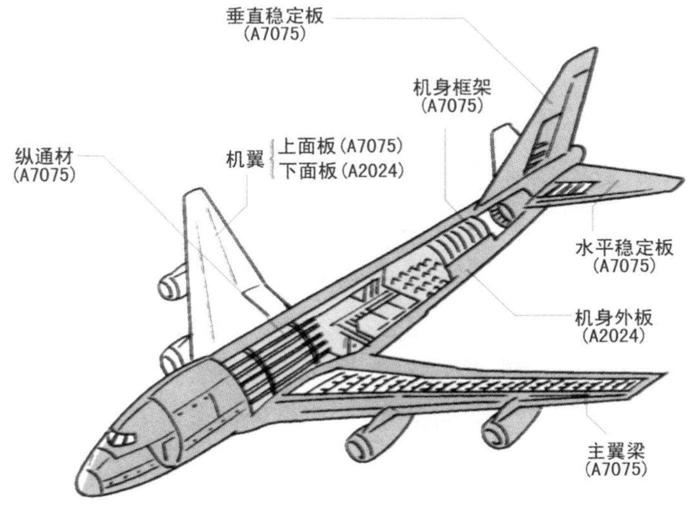

6.5 铝合金的热处理

采用固溶时效处理

合金的性质并非仅由合金中所含的合金元素的种类和数量决定，借由热处理也能提高合金的性能。如果将合金的成分造成的素质比作“先天的”，则热处理可以比作教育培训等，得到的性能是“后天的”。

以铁中添加碳而得到的碳素钢为例，将其加热到赤红后放入水中急冷，会得到称为马氏体的硬而强的组织。这种热处理称为淬火。刺刀的刀刃、钳子的钳口、锯条的锯齿等硬而锋利的部位都是借由淬火制造的。

称作杜拉铝（duralumin）的铝合金，也是借由加热到比熔点（660℃）略低的 470 ～ 500℃，再经急冷的热处理制作的。尽管按方法称其为淬火也可以，但通常称为固溶（化）处理。这是因为对杜拉铝来说，仅有这种热处理不但不会提高硬度，反而会使其变软。

对于杜拉铝的情况，如果铜（Cu）及锌（Zn）等合金元素在一定的位置呈规则排列，则其硬度会大大增强。通过上述“淬火”，合金元素在整个合金体系中均匀分散，在这种状态下合金是软的。但是，经固溶化处理，并放置（时效），在时间经过的同时，合金元素会发生移动，形成盘状的小块体（析出），产生一系列的强化作用，称此为时效硬化。

对于 A2024 来说，要进行大约 24h 的时效硬化，而对于 A7075 来说，在常温下时效硬化需要很长时间，若放入加热炉中，时效硬化可以较快完成。称常温放置使之时效硬化的用符号 T3 表示，在炉中一定温度下使时效加速的用符号 T6 表示。

杜拉铝的铆接要在时效处理后的 15min 内进行。这是因为，时效硬化之后由于硬度很高，铆接过程的冲击力可能产生裂纹。如果固溶处理之后不能立即进行铆接作业，需要将工件在 −20℃以下保存。

本节重点

（1）淬火后在较短的时间内是变软的。
（2）在时间经过的同时而变硬。
（3）铆接工艺要在固溶处理后立即进行。

铝-铜相图与铝合金的固溶处理和时效硬化

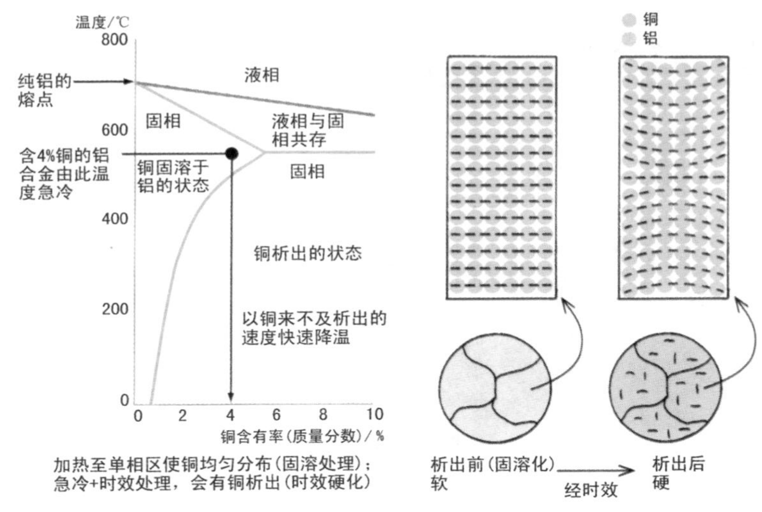

加热至单相区使铜均匀分布(固溶处理);
急冷+时效处理，会有铜析出(时效硬化)

表示铝合金加工热处理的符号

铆接作业在冰淇淋也不会融化的瞬间即可完成

符号	加工热处理的内容
F	不经热处理的制作状态
0	退火处理
T3	固溶处理+加工硬化+自然时效
T4	固溶处理+自然时效
T5	由锻造、铸造温度急冷再时效硬化
T6	固溶处理+加温的人工时效
T7	固溶处理+加温的人工时效 稳定化，赋予耐腐蚀性
T8	固溶处理+冷加工+时效硬化
T9	固溶处理+时效硬化+冷加工

6.6 强而不生锈的钛合金

喷气式发动机中冷段的关键材料

钛在地壳中的金属资源十分丰富，仅次于铝、铁、镁，居第4位。但其实际应用却比其他金属晚得多，直到20世纪后半期才真正开始。钛在工业上大量使用的时期，正好与飞机发动机被喷气式发动机所置换，其性能飞速提高的时期相重合。

钛的相对密度为4.5，仅为钢的58%，其合金的拉伸强度比通常钢要高，可以达到1000MPa。由于比强度高，非常适合用作航空材料。

钛中加入6%铝（Al）和4%钒（V）而构成的Ti6Al4V合金，由于强度、加工性、焊接性相互平衡兼顾，在飞机及发动机中获得最广泛的应用。一提到钛合金，几乎是专指Ti6Al4V。

喷气式发动机的风扇叶片及叶盘，压缩机的动翼及静翼都是由钛合金制造的。由于比铝合金耐热性强，在超声速飞行的飞机中，因摩擦热而处于高温部位的外板也都在使用钛合金。

钛合金的另一大特征是其比奥氏体不锈钢（又称为耐蚀钢）具有更优良的耐蚀性。可以说完全不生锈，完全能保持良好的金属光泽，通常不必特意涂装。对钛合金进行车削（旋盘）及铣削加工需要独特的技术和熟练的技能。而且，钛合金在高温下接触氧及氮有急速脆化的倾向。因此，焊接要采用气体保护。即在焊接时用非活性气体（氩）对焊接部位及其周围的热影响区加以保护，隔断氮及氧的影响。

本节重点

（1）钛合金与喷气发动机共同普及。
（2）钛合金在轻合金中强度高、耐腐蚀。
（3）钛合金在切削加工和焊接中需要格外注意。

钛合金的强度与温度的关系

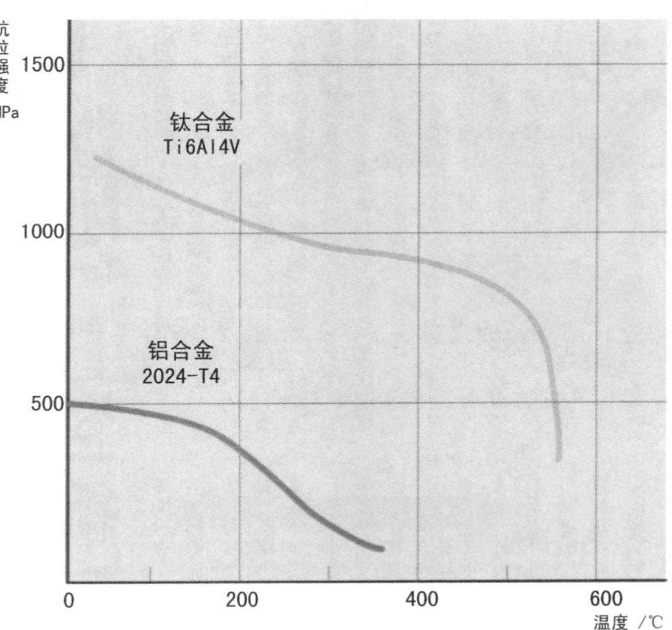

钛合金在风扇、压缩机中的使用

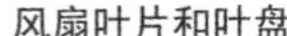
风扇叶片和叶盘

压缩机的叶片

6.7 飞机中使用位置受限的钢

用于起落架的超高强度钢

地面上的构造物、作为支撑力的结构部件，大多数使用以铁为基的合金，即钢来制造。但是，在飞机中却很少用钢。对于强和轻必须兼而有之的飞机用材料来说，即使价格要高一些，也要选择与普通钢具有同等或以上的强度的轻合金。

作为飞机用材料，使用钢的部位是严格受限的。例如，对于那些承受很大的力，若由轻合金支撑体积会过大，从而不允许的情况等。使用钢材的主要位置有起落架和吊装发动机的桥塔。在喷气式发动机中，为保证转子（旋转部件）在平滑旋转的同时传递载荷，轴承系统（包括内外圈、保持架、滚珠、滚柱等）都要使用钢。

飞机中所使用的钢的代表是 4340 钢（美国钢号，相当于中国钢号 40CrNiMoA），它是以镍、铬、钼为添加元素的高强度合金钢。4340 钢经过热处理，可以达到相当于普通钢 3 ~ 4 倍、高达 1800MPa 的抗拉强度。直径 1mm 的棒吊起 140kg 的重（质）量也不会断裂。4340 钢在具有高强度的同时，兼有良好韧性，是典型的高强韧性钢。

4340 钢的缺点是易锈蚀，因此，一般都要在表面电镀镍铬。但在利用电化学反应的电镀工艺中，氢会进入钢中。在使用过程中，进入钢的氢会在金属组织中迁移，往往集中于受拉伸应力的部位。当集聚的氢原子相互结合变成氢分子时，由于体积膨胀，会产生集中的很大的力，最终导致钢的断裂。称此为氢脆（又称迟发断裂）。到昨天晚上为止还何事未有，今天早晨到停机坪一看，飞机起落架却发生断裂。严重事故在没有任何先兆的情况下突然发生。为防止这类事故发生，电镀之后，需要在加热炉中热处理将氢排除，进行所谓焙烘（baking）处理。

本节重点

(1) 使用轻合金则体积太大。
(2) 起落架使用镍 - 铬 - 钼钢。
(3) 起落架用钢要注意氢脆。

受着陆冲击的起落架采用最高强度钢

起落架需要支撑着陆时飞机的全重量，目前普遍采用最高强度的镍铬钼合金钢（4340M）

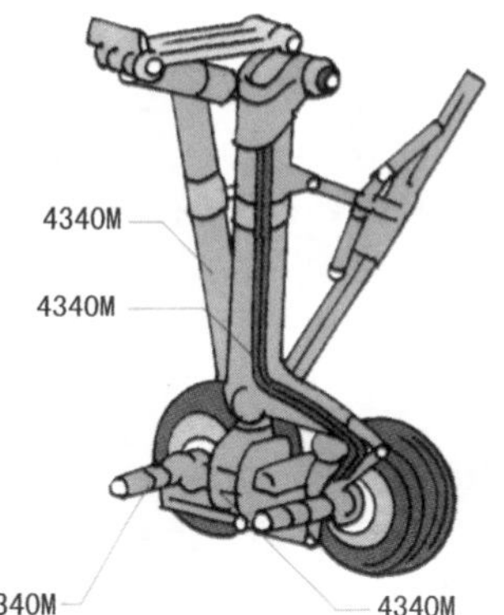

起落架若用其他材料制作

起落架必须由钢制作，如果用铝合金及钛合金制作，则会不可接受地又粗又笨。

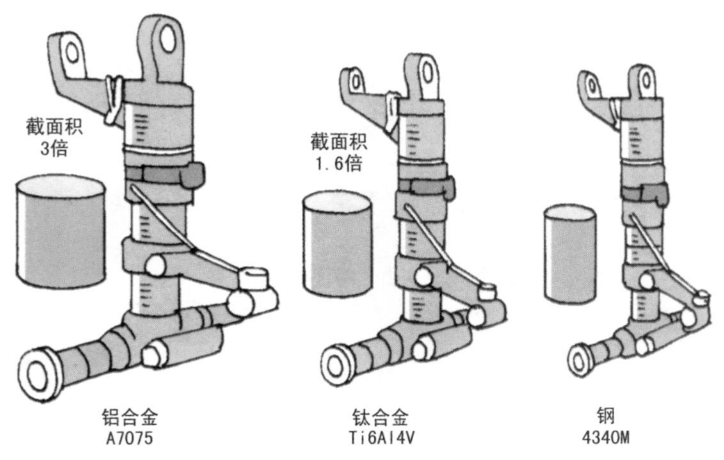

6.8 耐高温腐蚀和抗蠕变性能强的耐热合金

提高喷气发动机性能的关键使用强耐热材料

喷气发动机通过使压缩空气和燃料的混合气体在很高的温度下燃烧等，以提高发动机的性能。但是，材料的耐热温度是有限度的。在这种背景下，人们竞相对被称为热段（hot section）的涡轮机及燃烧器中使用的耐热合金进行了开发。

关于金属的耐高温，具体所指是耐高温腐蚀和耐蠕变的性能要强。一般来说，化学反应越是在高温下进行得越活跃，因此，即使常温下几乎不发生腐蚀的金属，在高温环境下也会被腐蚀。而且，受到拉伸应力的同时进一步在高温之下、在金属的晶粒边界（晶界）会出现孔洞（void），孔洞与孔洞相连便产生裂纹，裂纹扩展最终导致断裂，这种过程称为蠕变断裂。涡轮机叶片在高温之下伴随着高速旋转，受到离心力的拉伸作用。因此，对于涡轮机叶片来说，要具有高的蠕变断裂强度。

人们对由不锈钢派生出的以铁为基的铁基耐热合金，及以钴为基的钴基耐热合金进行了多年开发，而在新型发动机中，以镍为基的镍基耐热合金正成为主流。

哈斯特洛伊（Hastelloy）是在镍基中添加铬和钼的合金，耐蚀性优、焊接性良，但蠕变强度差，因此作为燃烧器内衬材料而使用。

由于蠕变破坏容易从晶界的孔洞发生，因此晶粒变大从而晶界变少对于提高耐蠕变性能十分有效。近年来，作为涡轮机叶片用材料，开发和使用的重点是单向凝固合金和单晶合金，前者与拉伸力相正交的方向没有晶界，后者完全不存在晶界。这些又称为超合金，由精密铸造制作，在对晶体生长方向控制的同时，进行极慢且精细缜密的冷却。

本节重点

（1）主要的耐热性是指耐蠕变强度和耐高温腐蚀。
（2）镍基耐热合金是主流。
（3）越来越多的采用单晶叶片。

耐热合金的使用位置

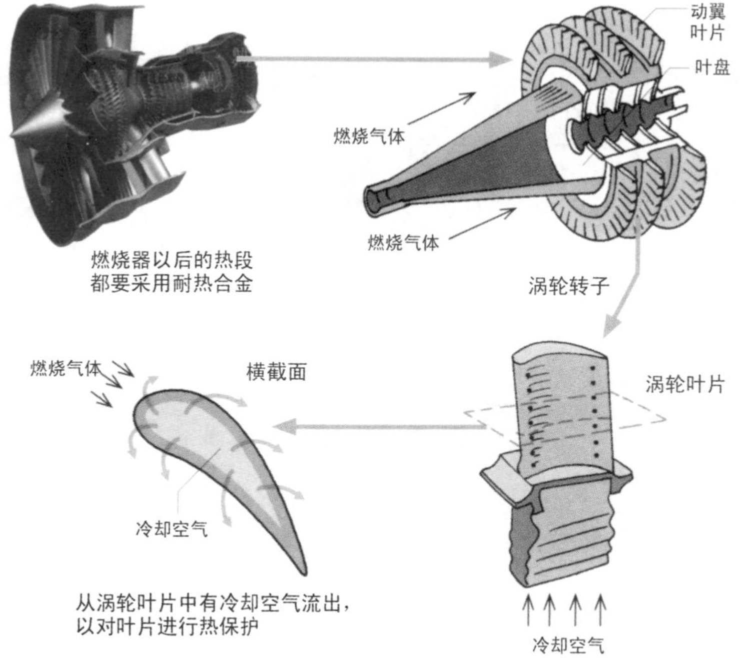

动翼叶片
叶盘
燃烧气体
燃烧气体
燃烧器以后的热段都要采用耐热合金
涡轮转子
燃烧气体
横截面
涡轮叶片
冷却空气
从涡轮叶片中有冷却空气流出，以对叶片进行热保护
冷却空气

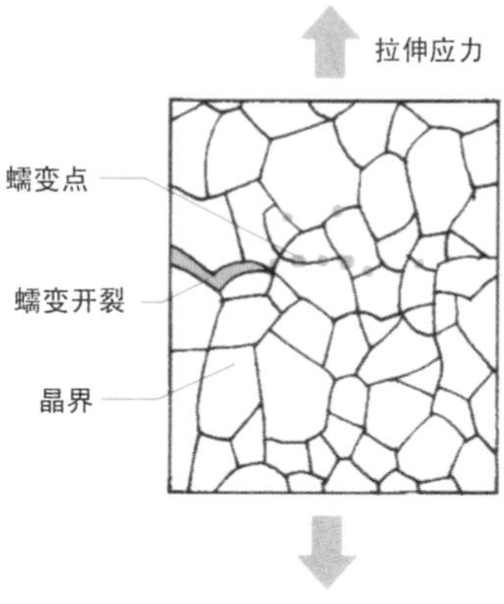

拉伸应力
蠕变点
蠕变开裂
晶界

涡轮叶片用材料

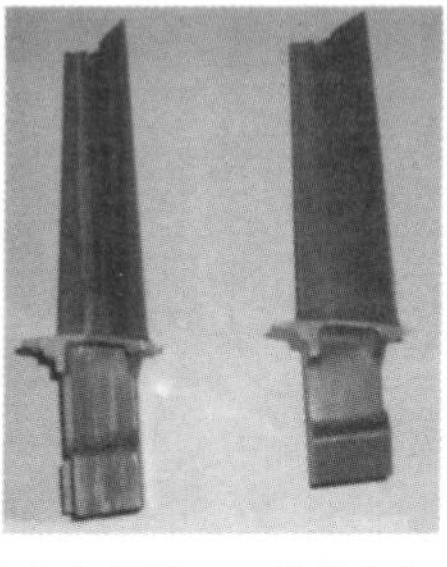

单方向凝固合金　　单晶合金

6.9 由纤维和塑料组合而成的复合材料

复合材料正成为飞机材料的主要开发对象

作为航空材料，近年来复合材料的使用比例越来越高。所谓复合材料，是由两种或两种以上的材料相互组合而成，具有更优秀性质和全新性能的材料。

飞机中使用的主要复合材料是纤维增强树脂基复合材料(fiber reinforce plastic ，FRP)。其中树脂基体具有质轻、易成形、不易腐蚀等优点，但强度较低；玻璃纤维和碳纤维具有远高于金属的强度，但对于来自压缩和横向的力却不能保持其简单的形状。将两种材料组合在一起，做成纤维增强复合材料，通过二者取长补短，在性能和功能上即可实现 1+1>2。

近年来，大型客机的结构部件中广泛使用的复合材料是碳纤维增强树脂基复合材料（carbon fiber reinforce plastic，CFRP）。碳纤维是由聚丙烯腈（polyacrylonitrile，PAN）纤维在拉伸力作用的状态下，在电炉中烧成而制作的直径数微米，富于刚性的纤维。为使这种纤维与树脂更牢固地结合，对其表面要进一步加工；而后集成束状并掺入环氧树脂，再以板状一层一层地重叠，通过不同取向的积层达到所希望的形状；将积层好的部件放入称为 autoclave 的高压釜中，加热、加压，使之强化、硬化。

纤维增强树脂基复合材料不仅比强度、比刚度高，而且疲劳强度与铝合金相比也高得多，这就为制作轻型飞机提供了可能性，这种飞机可以大大节省燃料费。

虽然纤维增强树脂基复合材料有很多优点，但有可能发生金属不发生的损伤。其中之一便是层间剥离。所谓层间剥离是指在弯曲力反复作用下，层与层间分离，导致压缩强度降低的现象。外观目视不可见的层间剥离可借由超声波探伤来检测。

本节重点

（1）比强度、比刚度、疲劳强度均高的 CFRP。
（2）纤维增强树脂基复合材料弱点是层间剥离。
（3）层间剥离可由超声波检查。

波音787许多部位都使用了CFRP

碳纤维增强树脂基复合材料(CFRP)

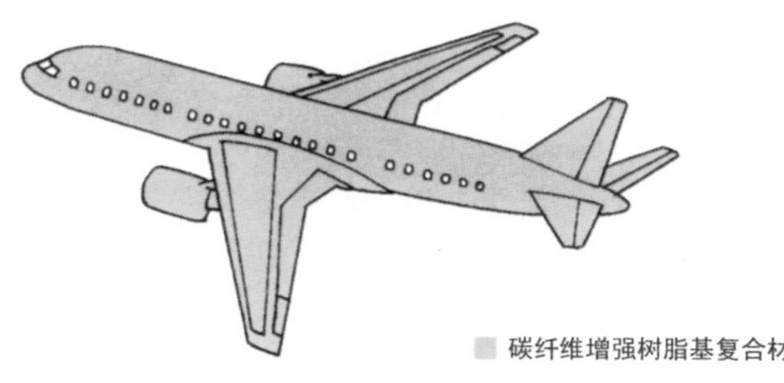

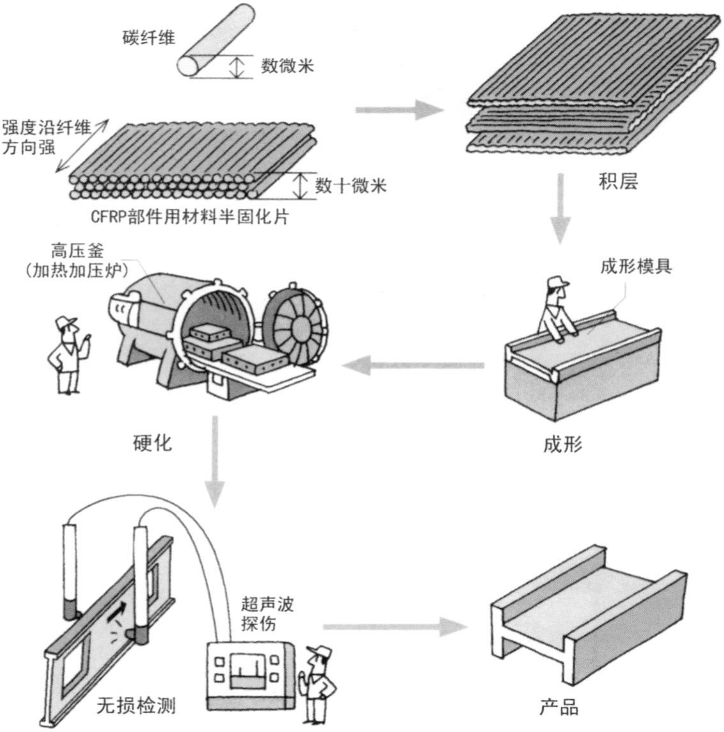

碳纤维
数微米
强度沿纤维方向强
数十微米
CFRP部件用材料半固化片
积层
成形模具
成形
高压釜
(加热加压炉)
硬化
超声波
探伤
无损检测
产品

6.10 飞机机身结构所用材料的变迁

材料创新和新材料的采用支撑飞机性能不断提高

飞机的技术革新经历实际上是材料变迁的历史，各种新型材料的采用，保证飞机性能的不断提高。如图所示表示飞机机身结构所用材料的变迁概要。

1903 年莱特兄弟（美）的“飞行者 1 号”试飞成功，使用的材料有木材、羽毛、布、竹子、铁丝、钢管、木材胶合板等，他们在木制骨架上贴附羽毛、麻等加固，再涂覆树脂制成机身；1910～1925 年人们开始用钢管代替木材作机身骨架，用铝作蒙皮，制造全金属结构的飞机。金属结构的飞机提高了整体结构强度，改善了气动外形，性能得到了提高；20 世纪 40 年代起玻璃纤维增强树脂基复合材料在飞机中得到了应用；60 年代由于碳纤维、硼纤维的研发成功，使得复合材料广泛应用于飞机结构。飞机中广泛应用复合材料，可以使机身重量减轻 20%～30%，加上复合材料显著的抗拉强度，能显著提高飞行性能，这是其他材料无法比拟的。但是一直以来由于民用飞机成本的限制，复合材料所占比例一直不多于 20%。目前在飞机结构中广泛使用的主要是碳纤维增强树脂基复合材料。

大体而言，复合材料在飞机结构上的应用可以分为三个阶段：

第一阶段是应用于受载不大的简单零部件，如各类口盖、舵面、阻力板、起落架舱门等；

第二阶段是应用于承力较大的尾翼级主承力结构，如垂直安定面、水平安定面、全动平尾、鸭翼等；

第三阶段是应用于主承力结构，如机翼盒段、机身等。

在第五代大型民用飞机波音 777 研制中，波音公司将复合材料应用扩大到了垂直安定面和水平安定面等主结构，使复合材料的用量达到了 10%。波音在第六代大型民用飞机波音 787 研制中，将复合材料的应用扩大到了 50%。

本节重点

（1）飞机的技术革新经历实际上是材料变迁的历史。
（2）复合材料在飞机结构上的应用可分为哪三个阶段？
（3）调研复合材料在波音 777、波音 787 上的应用情况。

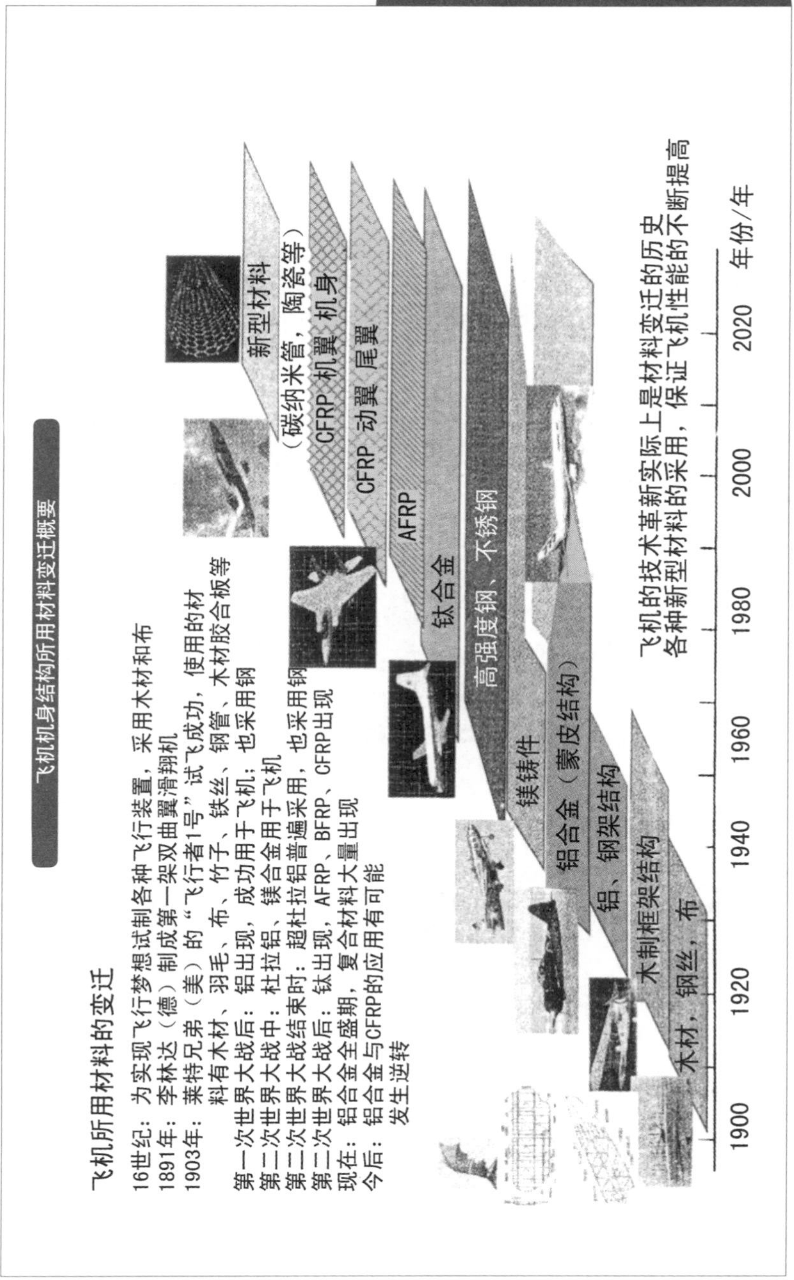

飞机机身结构所用材料变迁概要

飞机所用材料的变迁

16世纪：为实现飞行梦想试制各种飞行装置，采用木材和布
1891年：李林达（德）制成第一架双曲翼滑翔机
1903年：莱特兄弟（美）的“飞行者1号”试飞成功，使用的材料有木材、羽毛、布、竹子、铁丝、钢管、木材胶合板等
第一次世界大战后：铝出现，成功用于飞机；也采用钢
第二次世界大战中：杜拉铝、镁合金用于飞机
第二次世界大战结束时：超杜拉铝普遍采用，也采用钢
第二次世界大战后：钛出现，AFRP、BFRP、CFRP出现
现在：铝合金全盛期，复合材料大量出现
今后：铝合金与CFRP的应用有可能发生逆转

新型材料
（碳纳米管，陶瓷等）
CFRP 机翼 机身
CFRP 动翼 尾翼
AFRP
钛合金
高强度钢、不锈钢
镁铸件
铝合金（蒙皮结构）
铝、钢架结构
木制框架结构
木材，钢丝，布

飞机的技术革新实际上是材料变迁的历史
各种新型材料的采用，保证飞机性能的不断提高

1900　1920　1940　1960　1980　2000　2020　年份/年

书角茶桌

周末休假中发现了铝合金的时效硬化

1903 年莱特兄弟在美国北卡罗来纳州的 Kitty Hawk 沙丘成功实现了人类的首次飞行。与此同时，任职于德国 Duran 研究所的 Wilm 开始了高强度铝合金的研究。当时可用的研究方法不多，只能像制作弹药那样配制铝合金。

根据含碳钢经淬火可大大提高硬度的思路，当时想到的实验方案是，能否在铝中加入某些合金元素，再经淬火来提高其硬度。

当时制作新合金的研究可以说是“海选”，通过改变合金元素的种类和添加量，制作各种各样的合金，再一一进行确认其性质的实验。将铜加入铝中进行淬火，发现很软，当时认为这种组合是失败的。

1906 年的某一个周末，Wilm 在铝中加入 4% 铜、0.5% 锰配制的铝合金加热到 520℃进行淬火。淬火后进行了硬度测定，由于到了下班时间，因此更详细的测量预定在下一周进行。等到周一重新进行硬度测试，Wilm 发现合金的硬度变得极高。

此后，将 Wilm 居住的 Duran 与 Aluminum 相组合构成的 Duralumin（杜拉铝）来纪念发现铝合金时效硬化的瞬间。假如 Wilm 在研究所加班说不定就发现不了这一对航空事业具有划时代意义的合金。看来 Wilm 周末在附近公园湖面泛舟的意义真不小哇！

第7章

显示飞机状态的航空仪表

7.1 空盒计(1)——高度计
7.2 空盒计(2)——升降计和对气速度计(空速管)
7.3 显示飞机姿势的陀螺仪
7.4 指导到达目的地的导航仪
7.5 磁型罗盘和远距离指示罗盘
7.6 安全航运不可或缺的压力计
7.7 对发动机各部位的温度进行管理的温度计
7.8 决定燃料补给量的流量计
7.9 综合电子仪表

书角茶桌

紧急事态和模拟训练

7.1 空盒计（1）——高度计

由航空仪表可知晓飞行状态

驾驶员尽管坐在驾驶席上，但必须尽可能正确地把握当下的飞行状况及飞机的状态。为此，驾驶舱中布满了各种各样的仪器仪表。

气压高度计、对气速度计、升降计、姿势指示器、航向仪、回旋计、ADF（自动方位仪）、VOR（无线电导航系统）八种仪器是显示飞机的位置、姿势、飞行状态的基本仪表。其中，姿势指示器、航向仪、旋回计由于内部装置了陀螺仪（gyroscope），因此称为陀螺仪表；ADF 和 VOR 是通过接收地面机关发出的无线电信号得知飞机的位置，因此将其分类为导航仪表。气压高度计、对气速度计、升降计等在其内部都装有称为空盒的压力敏感部件，因此称此一类为空盒仪表。

在空盒计中，气压高度计是用来指示飞机飞行高度的仪表。这种仪表中装入的空盒，可以说是一个非常薄而纤细的金属制的空罐，利用空盒内部与周围的压力差变动，空罐产生效应的膨胀和收缩。放大此变形量，并转变为指针的旋转而通过表盘指示。高度计空盒的外侧与处于不受动压位置的静压口相连。

高度和（大）气压都可以由标准大气压表示，也就是说，前二者有相关性，一个量定下来，另一个量也就确定了。因此，实际上，通过测量气压，在表盘上换算成高度，就能作为高度计而使用。

大气压除随高度变化之外，还受该时气候等诸多因素的影响。标准大气表是假定在海拔 0m，气压 101325Pa 的条件下制定的。无论是高气压的情况，还是低气压的情况，自然都会产生误差。

现在，广泛使用的精密气压高度计，对应气压的变化可以进行调整。通过在高度计上设定该时点的海平面上的气压（QNH 设定），就能对海拔高度的显示进行精密调整。

（1）基本航空仪表包括空盒计、陀螺仪、导航仪等。
（2）由气压可知高度。

驾驶舱中并排布置的各种仪表

空盒的工作原理

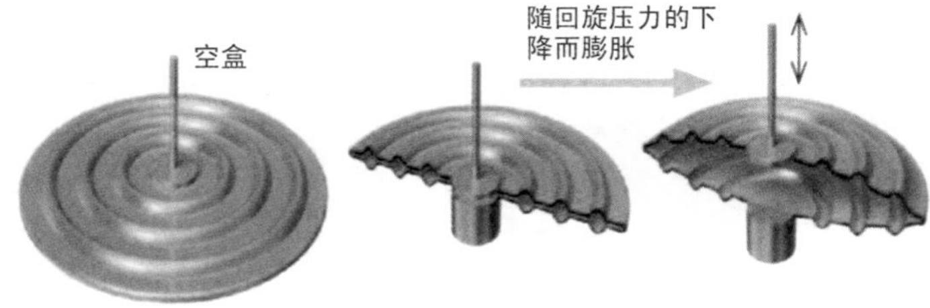

气压高度计的工作原理

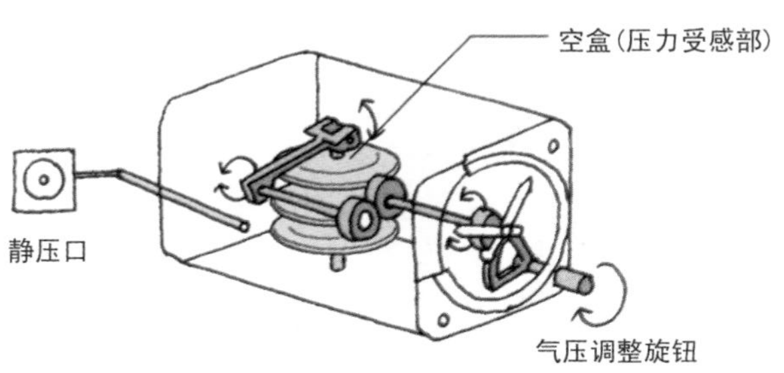

7.2 空盒计（2）——升降计和对气速度计（空速管）

由空气可获得各种各样的信息

升降计用来显示飞机上升、下降的缓慢和激烈程度。而对气速度计用来显示飞机与空气间的相对速度。升降计和对气速度计同气压高度计一样，也是在其内部设置空盒，将由空盒内外的压力（差）变化引起的空盒变形放大，通过表盘上的指针加以显示。

在升降计中，导出的是由空盒内侧和外侧的静压产生的压力。若静压相同，由于空盒内外的压力相同，空盒自然不会发生变形。但对于升降计来说，由于在空盒外侧配置了空气不容易流动的控流（抑制流动）元件，达到与飞机外的静压平衡之前，会产生时间差。在上升时，空盒内侧原来的压力低，导致空盒下塌（凹）。急速上升的情况发生的下塌大，稳定上升发生的下塌小。由此，驾驶员便可判断上升率和下降率。

对气速度计用来表示对空气的相对速度。对气速度与借由地面上投影的飞机的移动距离与时间求出的对地速度不同。即使飞机停在停机坪，迎面有 10m/s 的风吹来，则飞机的对气速度是 10m/s。

在对气速度计的空盒内侧，为了取出空气流不受机体的形状影响而变化的位置的压力，在机头或机翼的前端附近，向外凸出地设置皮托管，由皮托管前口导入压力。空盒外侧导入静压口的压力。

皮托管前口导入压力，是在静压中再加上由于空气流动产生的动压之和（全压 = 静压 + 动压）。由于空盒的变形是其内侧和外侧的压力差所致，因此，对气速度计的指针就可以指示动压的变化。由于对气速度与动压之间存在对应的关系，由上述装置便可得知对气速度。

本节重点

（1）升降速度可由静压的变化速度得知。
（2）对气速度可由动压的变化得知。
（3）由皮托管可知全压（动压 + 静压）。

升降计和对气速度计的工作原理

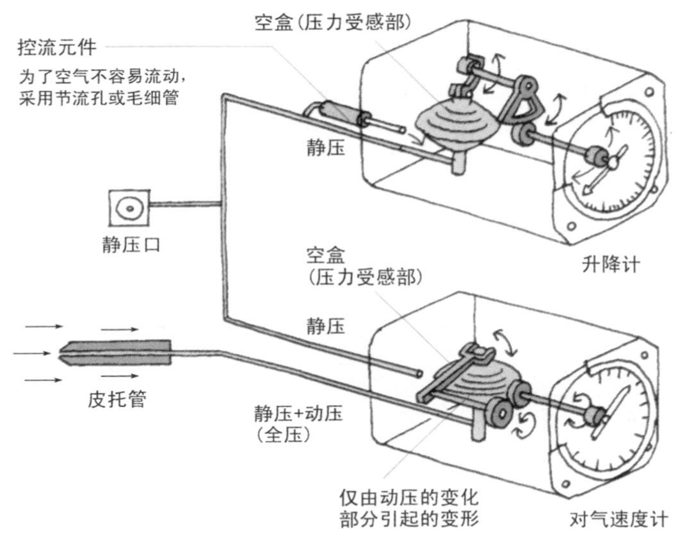

$$动压=\frac{1}{2}\times空气密度\times对气速度^2 \qquad 对气速度=\sqrt{\frac{2\times动压}{空气密度}}$$

安装在机翼上的皮托管

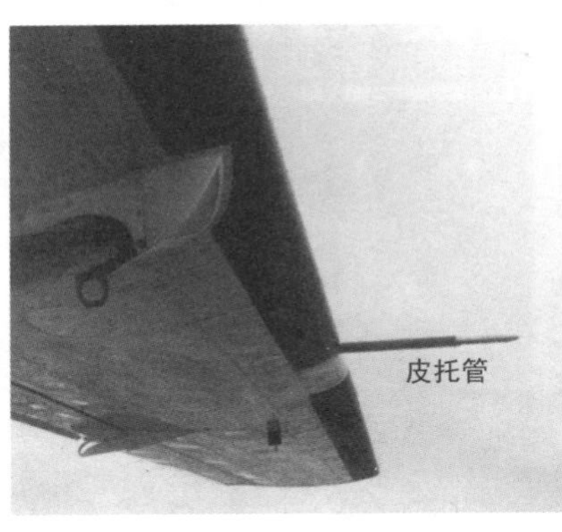

7.3 显示飞机姿势的陀螺仪

由陀螺仪可知飞机的姿势和运动

水平飞行、回旋、上升、下降等这些基本运动都是靠飞机的姿势和推力来进行的。假如能看到地面，可以进行姿势的判断，但是遇到霞光及云层限制视野的情况，驾驶员则很难对飞行姿势做出正确判断，这可能导致灾难性后果。

解决这一问题的有效办法，是采用陀螺仪。陀螺仪是一种高速旋转的精密仪器，具有刚性和进动效应。所谓刚性，是旋转轴保持一定姿态的性质。以自行车为例，高速骑行之所以更稳定，是由于车轮高速旋转获得更大的刚性所致。放置在处于自由旋转的万向支架中的陀螺仪，会不受外界的影响，指示机体的姿势。

姿势指示器装备有由两个万向支架支撑的陀螺仪，与飞行姿态的变化无关，旋转轴常时指着垂直方向，进而显示飞行姿势。基于此，即使在视野受限的气象状况下，也可以飞行。

航向仪利用两个万向支架将陀螺仪的旋转轴支撑在水平位置，用以指示机头的方位。

所谓进动，是当有力作用在旋转轴上时，旋转轴并非在施力的方向倾斜，而是向着与旋转方向成 90° 的行进方向倾斜的性质。通过探知旋转轴的倾斜方向，就可以知晓机体的运动变化。

回旋计是将回旋中的角速度作为回旋率而显示的，由于仅需感知偏航，因此仅用一个万向支架支撑即可。与其作用相同的仪表还有回旋平衡计，它在感知转子移动的万向支架上带有角度指示。其主要用于标准回旋（两分钟回旋 360°），但在姿势指示器及航向仪出现故障时也可以作为应急设备用。一般情况下飞机还备有倾斜计，用以显示横滑。

本节重点

高速旋转的陀螺姿势保持不变。

陀螺的刚性

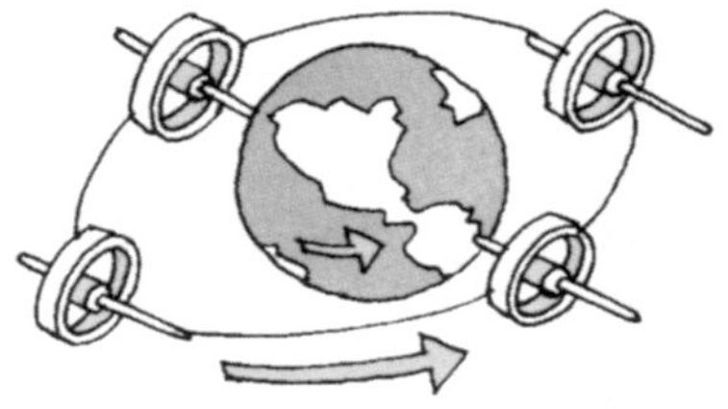

三轴不受约束可以自由旋转的陀螺，6h后会倾斜90°

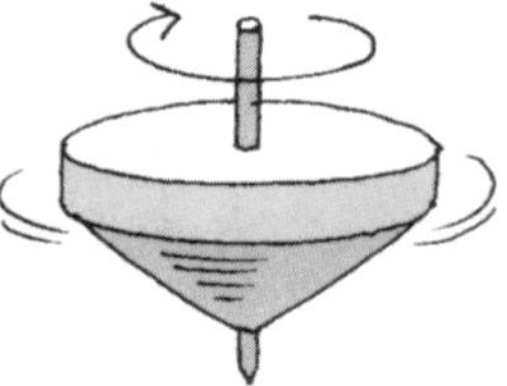

旋转中的陀螺不倒

姿势指示器的工作原理

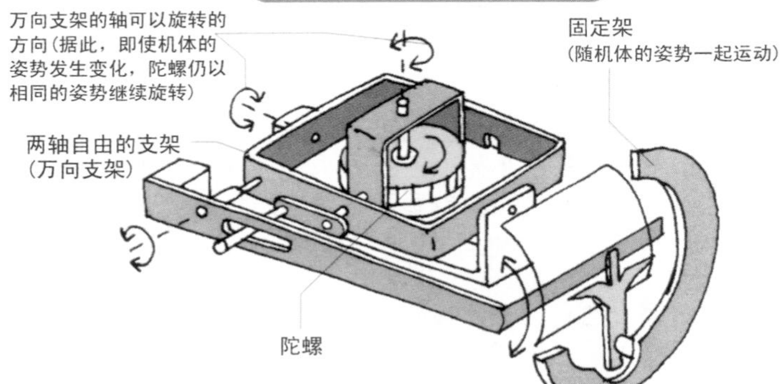

从正面看到的姿势指示器

表盘一般分为上下两部分，上面为水色(空中)，下面为茶色或黑色(地面)，由此可判断上下(俯仰)和左右(摇晃)的姿势。

7.4 指导到达目的地的导航仪

利用无线电知晓自机的位置

所谓导航，就是把握自身的位置和方向，并决定到达目的地航道的技术。近年来，使用全球定位系统（GPS），个人也容易知道自己在地球上所处的位置。利用发自 GPS 卫星的电磁波，得知自己所在位置的原理，也可以在导航仪中使用。在 GPS 问世以前，人们一直使用长波电磁波通信的方式。

其中之一，是利用称作电磁波灯塔的地面无线局（播送台）（NDB）发送中波电磁波的方法。利用飞机上搭载的 ADF（全自动方向探知装置），探知由 NDB 发来的电磁波是来自何种方位角，并加以指示。如果机头向着电磁波传来的方向前进，迟早会到达 NDB 的位置。

另一个是 VOR（VHF，超短波全方位式无线标识），它是由地面电磁波发射台，连续发射只能在特定方向接收的指向性高的超短波带（VHF）电磁波，此发射在 360° 回旋的同时连续发信。该电磁波相对于先后不同的各个角度，都有一定的位相差。从地面电磁波发射台发射另一个无论在何处也能接收的作为基准的电磁波。在飞机一侧，将这两个电磁波信号对照，就可以知道相对于地面电磁波发射台来说飞机自身所处的方位。

在许多情况下，VOR 中一并设有 DME（距离测定装置）。DME 通过计测地面电磁波发射台与飞机间进行无线通信所用电磁波的往返时间，表示二者间的距离。如果知道相对于地面发射台的方位角和距离，就可以在航线图（chart）上标出飞机的位置。

客机上都配置有称为 IRS（惯性基准装置）的可以计算自身位置的装置。所使用的是利用陀螺仪和加速度计，检知从基准位置的姿势、角度和加速度的变化，求出飞机的飞行方位角和速度，利用这些数据，通过计算就能求出飞机当下所处的位置。

本节重点

（1）新一代的导航利用 GPS。
（2）利用电磁波灯塔的电磁波判断方向的 ADF。
（3）利用 VOR 和 DME 确定飞机在地图上的位置。

驾驶舱中的VOR、ADF

ADF:automatic direction finder(全自动方向探知装置)
VOR:VHF omnidirectional radio range(超短波全方位式无线标识)

14.9=27.6km

DEM:distance measuring equipment
(距离测定装置)

7.5 磁型罗盘和远距离指示罗盘

根据地磁场判定方位

自古以来航海中使用的磁型罗盘，在现在的飞机中也不可或缺，其在飞行仪表和导航仪表中都起着重要作用。地球是一个大磁体，磁型罗盘通过检出地磁场，并以角度的形式表示出机头方位与磁北极的关系。以磁北极作为0°，向右转将360°等分，东为090°、南为180°，为了精密地对方位表示，角度用3位数字。磁北极与地理上的正北并不一致，二者之间有一定的偏差角度，但导航中以磁北极作为基准。

磁型罗盘是方位磁针的一种。机体所带的磁性及震动的影响都会产生误差（自差），为此，配备有缓解或修正这种误差的装置。有直读型和垂直方位盘型。直读型又称浮子型、悬丝罗盘型。由于浸入航空煤油内部，从而可以缓和飞行中的震动。由于表示的旋转方向与实际的回旋不同，在使用中需要习惯。还存在加速误差和回旋误差，仅凭此难以精确无误地保证前进方向，但其有耐用年数长的优点。

垂直方位盘型是比较新的类型，永磁体的运动传递到垂直布置的方位盘，并由其显示。其优点是显示不易受震动的影响，而且不采用航空煤油免受漏油之虞，回旋及加速引起的误差少，前进方向的维持及方位的确认也十分简单；缺点是容易受机体及电气机械所发生的磁场的影响，修正范围窄，启动部位存在阻抗和磨损等。

为了解决磁型罗盘这样那样的缺点，已提出远距离指示罗盘的方案。为了免受电气机械等的影响，利用装置在机翼端部附近的磁分路阀检出地磁场，将得到的信息作为电气信号输送至仪表中。

本节重点

（1）地磁场用于指路导航。
（2）利用三个线圈将方位变换为电气信号。

磁型罗盘及其内部结构

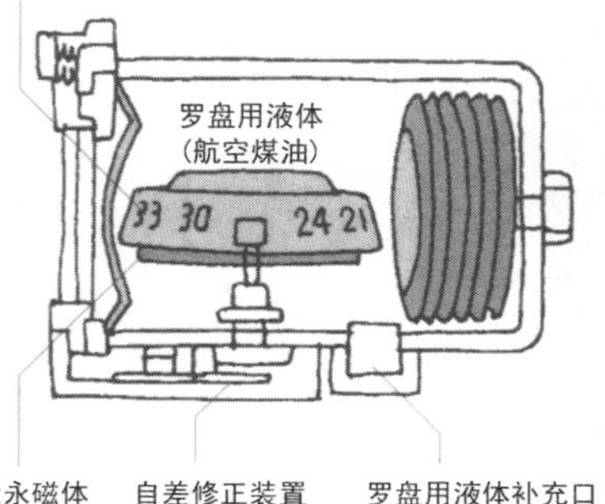

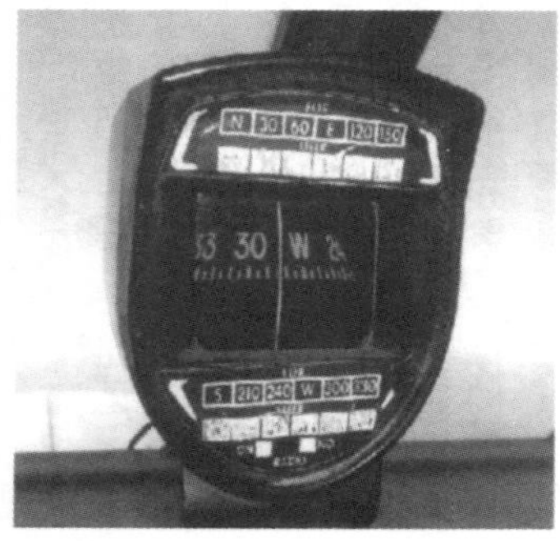

磁分路阀的工作原理

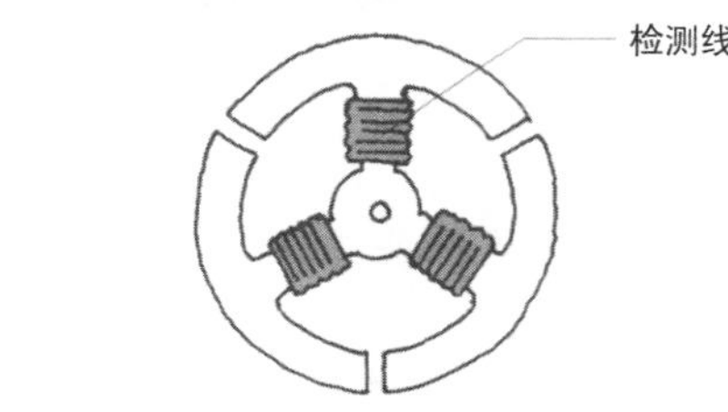

磁分路阀

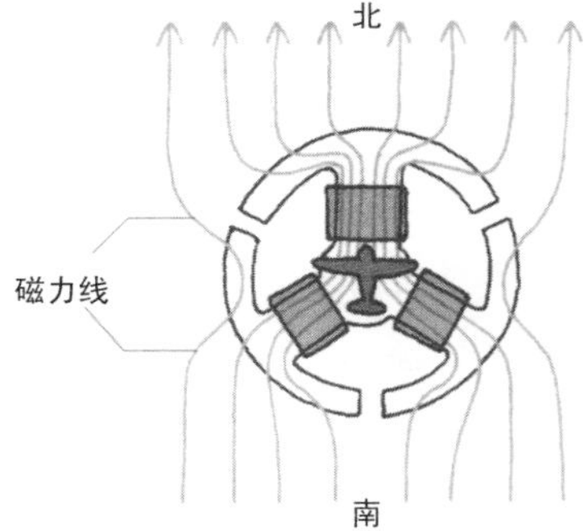

根据3个检测线圈的感生电压探测机头正对的方位

7.6　安全航运不可或缺的压力计

在测定“血压”的同时进行飞行

如同血压信息对于人的健康极为重要一样，对于飞机来说，表示发动机输出功率的吸气压力、发动机的润滑油压力、燃油压力、机内舱压系统及大型机的油压系统等，各种系统的压力信息对于安全航运不可或缺。因此，在飞机中存在许多压力计。

压力的表示方法有三种：以真空为基准的绝对压力，以标准大气压为基准的表（gauge）压，以及测量两个压力差的差压。到底采用哪种方法，随测定对象及目的而变。润滑油及燃料的压力、轮胎的空气压力采用表压，由于吸气压力表示的是负压，因此主要采用绝对压力，而测量差压的方法在对气速度计中使用。

液体及气体的压力测量元件，在空盒计中使用的是膜片（隔膜）及由金属板加工成蛇腹状的波纹管，还有进一步将金属管弯曲整形做成的布尔东管等，无论哪一种都是借由这些感受元件的变形来测量的。膜片多用于微细压力的测量，布尔东管多用于高压力的测量，波纹管多用于二者之间。

作为测量润滑油压力的计器，布尔东管压力计应用十分广泛。小型机的场合，由于测量器具与要测量的部位很近，可以采用机械方法直接显示测量器具内部感受部位受到的压力，即使电气系统发生故障，还可以继续显示。

喷气式发动机吸气和排气的压力，作为推算发动机推力的重要指标，时常处于被监视之下，这种压力计采用波纹管。

若测量部位与计器的距离过长，连接管路势必复杂，不可避免地会产生误差，为此需要将机械量变换成电气信号。在测量部位配置转换器（将受感部位得到的压力变成电气信号），用电路布线与计器相连接，用来显示计器得到的压力值。

本节重点

(1) 压力是飞机的健康情报。
(2) 膜片适合微细的压力测量。

压力计的工作原理

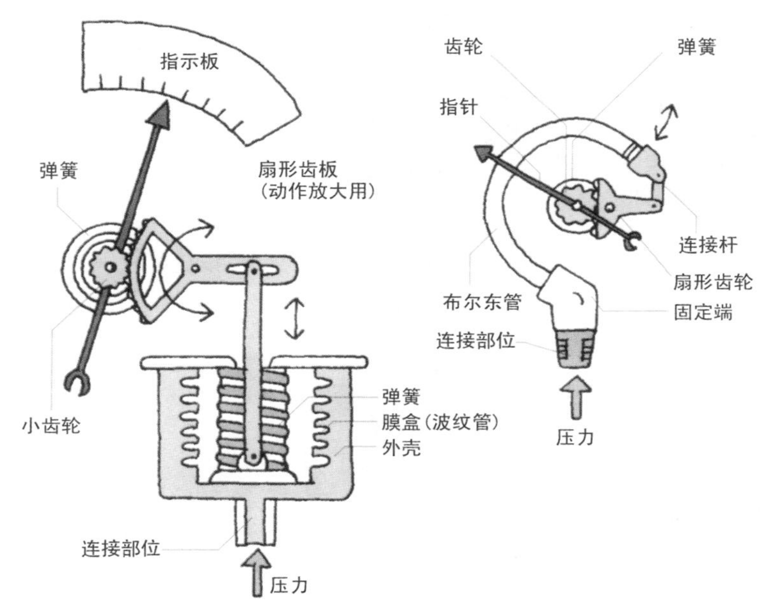

膜盒形压力计的基本结构　　布尔东管形压力计的基本结构

润滑油测量用的压力温度计

模拟式

数字式

7.7 对发动机各部位的温度进行管理的温度计

测量温度从 –50℃到一千几百摄氏度

温度计在气温及体温测量，以及作为烹调器具配件等日常生活中多有应用。在飞机中，温度计用于监视燃料箱内的水分是否冻结及机体表面是否覆冰，以及对发动机各部位的温度管理等。作为温度计在飞行器中的应用，主要使用的有双金属片、液体膨胀式、热电偶、热电阻等方式。

所谓双金属片，是将热膨胀系数不同的两片金属结合成为板状，利用的是伴随温度变化其形状发生变化的特性。这种方法也用于温度的自动调节，多在显示部位与测定部位彼此接近的场所使用。外气温度计是其典型代表。

液体膨胀式是将封入氯代甲烷等挥发性液体的管与布尔东管相连接，将伴随温度变化的压力变化作为温度而显示。将温度受感部位与计器用细而柔软的金属管相连接，其优点是不需要电源，但另一方面，管子的弯曲及测定部位与计器间的距离等都受限制。多用于温度较低的润滑油温度计等。

热电偶利用的原理是，将两个不同种类的金属丝端部相连接，构成温度测定器具，若连接点（热接点）和开放点（冷接点）存在温度差，则由热致生电不同而发生电压。发生的电压随金属组合的不同而异，作为航空应用常用的有镍铬 – 镍铝热电偶和铁 – 康铜热电偶两类。该方法具有显示不需要电源的优点，但为了数字显示目的也需要电源。多用于往复式发动机的气缸温度计及排气温度计，喷气式发动机的涡轮入口温度计等处于高温的处所。

热电阻方式利用金属电阻随温度而变化的特性。由于电阻随温度呈直线变化，因此具有显示的直线性好，而且即使显示中所使用的电源电压发生变化，显示中也不会发生误差等优点，应用十分广泛。

本节重点

（1）双金属片式外气温度计。
（2）热电偶式温度计适合测量处于高温的发动机部位的温度。
（3）利用金属热电位差的热电偶。

双金属片和双金属片式温度计的基本结构

金属A(热膨胀系数高)

金属B(热膨胀系数低)

热源

双金属片的基本特性

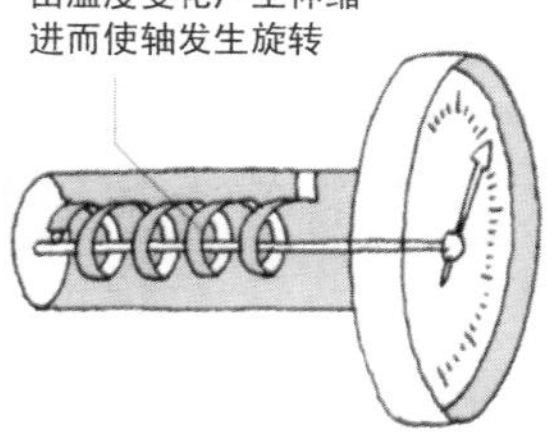

外气温度计中使用的
双金属片式温度计

热电偶温度计的基本原理

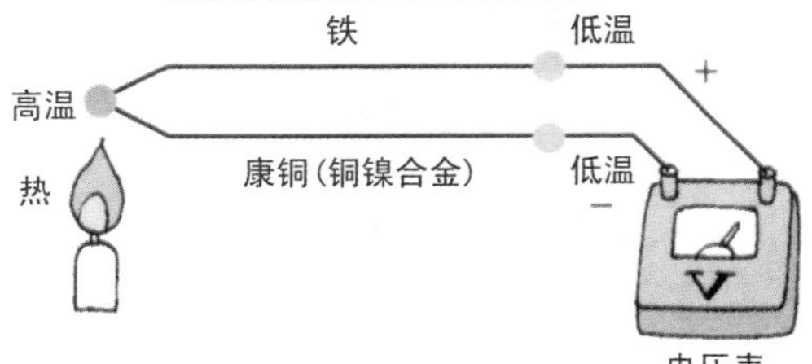

热致电压与温度的关系

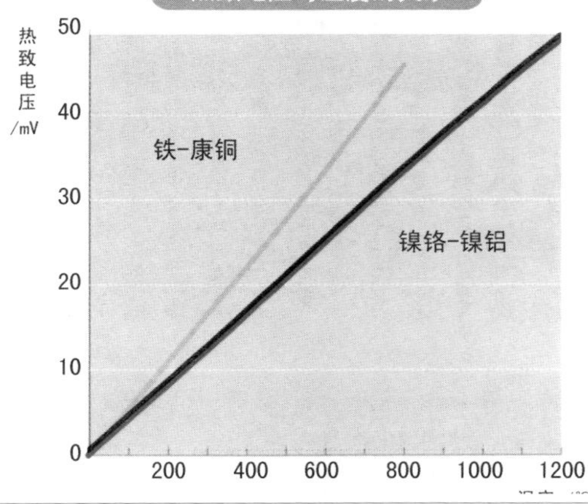

7.8　决定燃料补给量的流量计

精细定量的燃料管理

作为航空仪表的流量计，主要用于显示燃料在单位时间的流量。对于飞行有赖于发动机输出（功率）的飞机来说，实时了解燃料的正确流量是必不可少的。根据燃料计所显示的燃料剩余量和由燃料流量计的显示，可以算出飞机滞空时间，据此就可以对飞行计划进行判断：到达目的地的飞行能否持续进行，以及途中是否需要燃料补给等。

燃料流量计还有早期发现事故苗头的目的。实际上，关于燃料计所示是否与飞机所搭载的燃料一致，以及燃料流量计的显示是否正确等，无论使用多么高可靠性的仪表也还是常常存在疑问和不安。通过配备具有不同功能的仪表，借由仪表间的相互对照，就可以确保安全性并提早察知异常情况，防范事故于未然。

往复式发动机气缸内部的燃料温度，不仅取决于所发生的输出功率，还随空气与汽油的混合比而变。也就是说，排气温度也随着燃料流量而变化，通过与排气温度计并用，就可以避免发动机部件的异常高温。若打算节约燃料，减少燃料流而使混合气体变为稀薄状态，必须注意排气温度异常升高的危险。对于小型往复式发动机来说，通过测量燃料喷射系统的燃料压力与大气压间的压差，作为燃料流量并以机械的方式表示的方法多有采用。在大型往复式发动机中，采用通过变换器（将压力变化转换为电气信号的变换器）内板的变位，测量流体的体积流量的远隔式仪表。

由于喷气燃料随温度升高体积会变大，因此需要用质量而非体积来测量流量。这些转换器采用小型的涡轮，从涡轮的转速得到质量流量。

本节重点

（1）借由燃料计和燃料流量计对燃料进行双检测。
（2）测量流动燃料体积的差压式。
（3）测量流动燃料质量的涡轮式。

检知压力的流量计

与吸气压力计（上部）实现一体化的燃料流量计（同时检出压力）

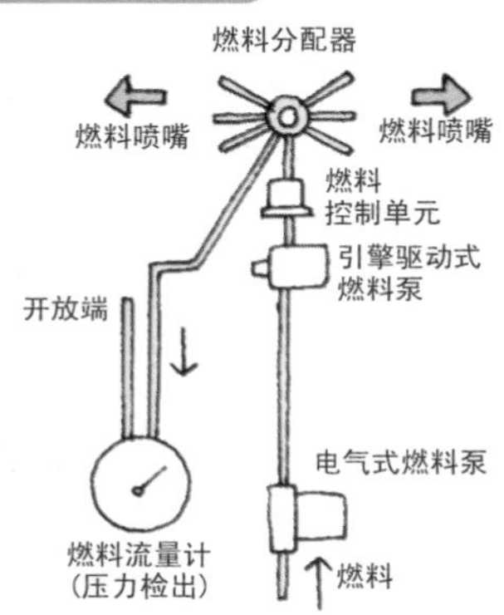

往复式发动机的喷射系统中燃料流量计的配置

涡轮式温度计的基本结构

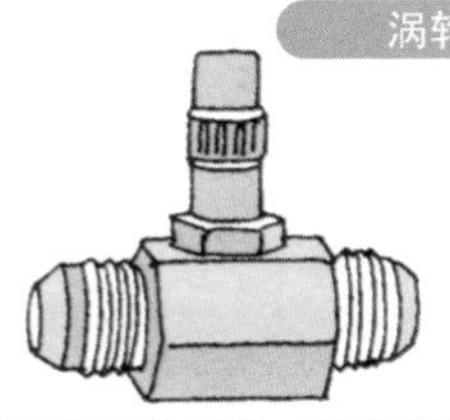

涡轮式流量计的外观。布置于流道中的像风车那样的涡轮对应流量大小而旋转

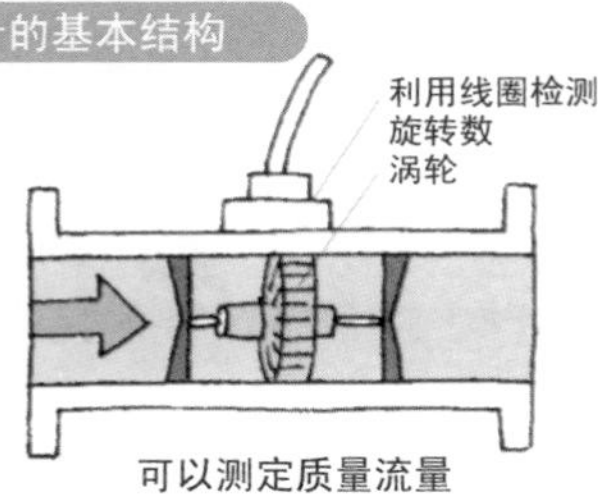

可以测定质量流量

燃料的密度与温度的关系

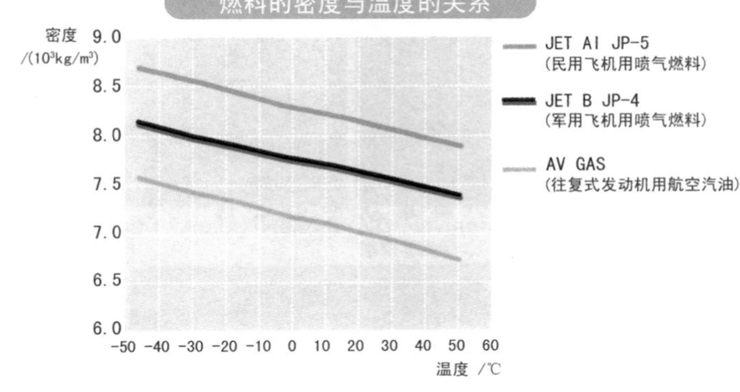

7.9 综合电子仪表

随着电子技术的发展驾驶舱的仪表更清晰更直观

随着飞机的发展和大型化，机构越来越复杂，驾驶舱中布满了各种各样的仪表、警报灯、开关等。驾驶员必须对这些仪表所显示的信息仔细把握、精准判断、正确决策、果断操纵。为了达到减轻驾驶员的负担且不易导致失误的目的，都采用减少仪表数量，更加直观感知的集合性仪表的方式。但是，将机械式仪表统而合之有一定限度。

伴随着计算机技术的急速发展，飞机驾驶舱的模样正在发生重大变化。原来通过各个仪表分别显示的信息，全部输入计算机中，通过使必要的信息更容易读取的配置，就可以应必要采用图形化的方式进行显示。通过在驾驶舱中配置几块液晶显示屏，就可以针对驾驶员的操作显示所需要的信息。

显示的项目及构成等依厂商及机种不同而异，图中给出的是典型实例。

知晓自机飞行状态的显示，由布置于中央部的飞行姿势仪给出。它是汇总了过去的姿势指示器与回旋计表示的信息，将飞机的符号和水平线标示于图中，这种图示的方式既直观又易懂，对驾驶员来说十分方便。图中右侧将气压高度用纵长的带状表示。该带的运动方向的速度代表上升率和下降率，但升降速度也可以表示。

在导航仪中，所显示的是导航所必须的信息。将各个仪器所显示的信息加以统合，将自机现在位置、飞行方向、飞行预定路线等，在正上方可以看到的最佳视点，在地图上显示出。其中也显示云和风向、风速等气象信息及到达通过点的距离等。

本节重点

(1) 从集合式仪表转变为带液晶屏的综合式仪表。
(2) 情报整理要清楚整洁。
(3) 必要的情报更容易观视的配置。

满布于驾驶舱的综合电子仪表

布满液晶显示式综合电子仪表的波音777喷气式客机的驾驶舱

布满机械模拟式仪表的克鲁金克巨型喷气式客机的驾驶舱

综合电子仪表的显示实例

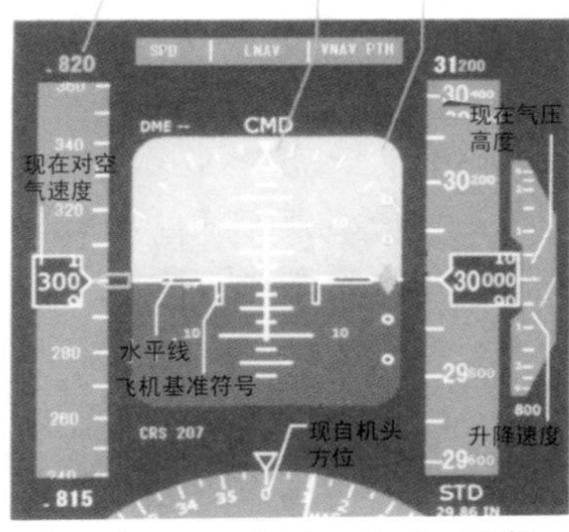

由PFD(primary flight display)可知本飞机的飞行状态

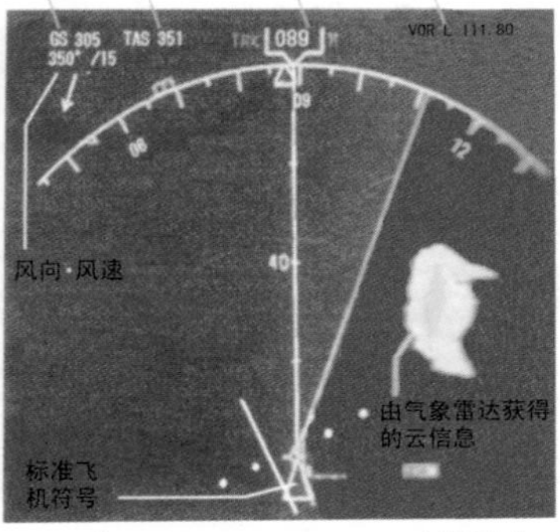

显示ND(navigation display)导航中必要的信息

书角茶桌

紧急事态和模拟训练

2009 年 1 月，由纽约拉瓜迪机场（La Guardia airport，LGA）起飞的 A320 型飞机，由于发动机吸入飞鸟，双引擎发动机中的两台同时停止运转而陷入紧急状态。机长当机立断，在几个可选择的方案中选择了在附近河中迫降，紧急降落在河水中。由于机长的坚定沉着，从而保护了 155 名乘务员和乘客的生命。后来人们称之为“哈德逊河奇迹”。

由于引擎全部停止运转，客机一时成为滑空性能很差的滑翔机，必须控制机体在一定比例的下降时间内向着可以着陆的场所滑行。飞机当时处于很低的飞行高度，可利用的时间，极少要求及早做出正确判断。幸亏驾驶员经过实机训练，对这种危险状况进行过模拟，当真的遇到事故时，便可冷静对待。

驾驶员用的模拟器，从仪表显示及机窗看到的情景，不仅是声音，从驾驶舱倾斜、摇晃中，就能再现加速感及振动的体验。

对于飞机来说，除了发动机完全停止工作外，再加上操纵系统完全失去作用，危险会随时临头。1985 年发生的日航巨型喷气式客机在御巢鹰山坠落事故，是由于波音公司错误的修理原因，致使承压隔壁的金属疲劳而引发的，在致命的承压隔壁破坏时，四个系统的油压阀全部破坏而不能控制。

第 8 章

直升机的原理与结构

书角茶桌

8.1 旋转翼飞机

机翼在机体上方旋转的飞机

所谓旋转翼飞机，是指不仅通过机翼获得升力，而且要获得推力而飞行的飞机，其以装备有发动机的直升机为代表。

将与飞机机身相连的的机翼取出，并使其在飞机上方旋转的机型称为直升机。普通飞机依靠发动机产生前进动力，由机翼产生升力，而对于直升机来说，借由发动机的动力使旋翼（rotor blade，旋转翼片）自身旋转，基于对大气的相对速度使其产生升力。这样，即使机体本身不存在前进速度的状态下，飞机也可以起飞和着陆。直升机的起飞着陆可随意进行，不用特意建造机场和跑道。

另外，直升机既能后退飞行又能横向飞行，而且还能在空中停止，这也是有别于其他飞机的重要特征。直升机的这些特有能力，除广泛用于军事、客运之外，还用于新闻采集、现场报道、特技表演、救灾、救护等十分广泛的领域。

若对直升机做大的分类，依据主螺旋桨的数目和配置，有单（single）桨机体和双（twin）桨机体。现在数量最多的是采用机身上部有一个主螺旋桨和尾部横向有一个小螺旋桨的单桨机体，下面对此进行说明。

若使主螺旋桨旋转，则在与该旋转相反的方向会引起机身振动的现象。将旋转运动的反作用称为反转矩。为了防止反转矩造成的机体旋转，必须在相对于机体旋转的反方向产生推力，而尾螺旋桨正是担当此任的。借由此，即使机体在上空处于静止状态并不旋转的情况下也能飞行。

本节重点

（1）借由旋转翼获得升力和推力。
（2）除了前进飞行外，还可以后进飞行、横进飞行及空中停止。
（3）利用反转矩防止飞机旋转的尾螺旋桨。

直升机的基本原理和结构

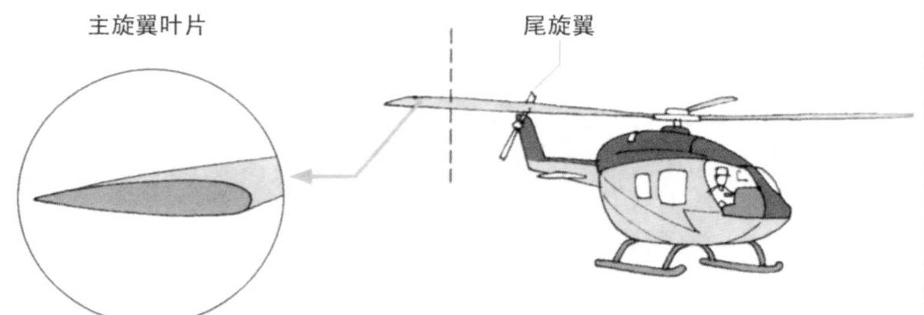

直升机是靠机翼旋转而飞行的飞机。
截面表示翼型

反转矩的发生

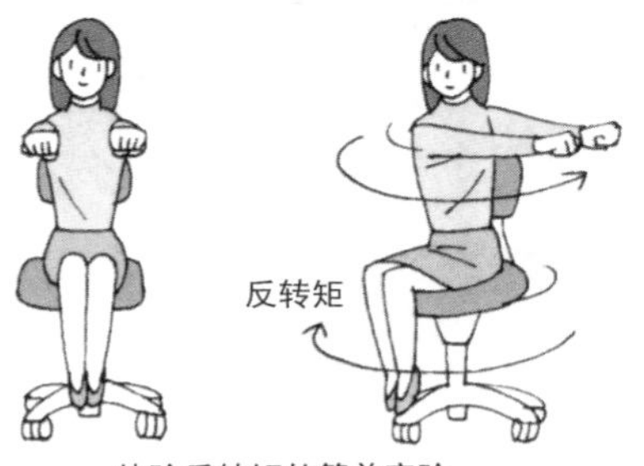

体验反转矩的简单实验

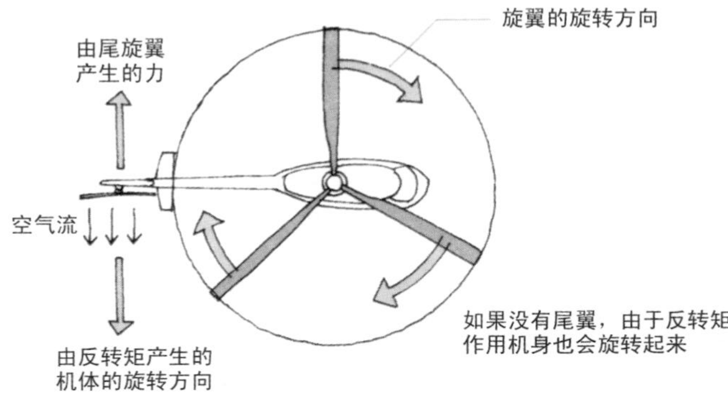

8.2　直升机的构造

直升机与普通飞机有哪些差异

直升机具备有别于普通飞机的下述几个特有要素。

①发动机　大多使用涡轮轴发动机，其能量的大部分变为旋转动力。

②升降系统　主旋翼传动机构使发动机的转速减速，将力矩传递给主旋翼和尾旋翼进行驱动。被称为油泵及发电机的辅助驱动也是从这里获得输出功率的。由主旋翼产生的升力，有的机体是通过传动机构传递到机身，有的机体是通过别的同轴机构传递到机身。

③机身　主要的结构部件及外板由铝合金制成，但近年来采用碳纤维增强树脂基（carbon fiber reinforced plastics，CFRP）复合材料的越来越多。机身结构多采用半硬壳式（semi-monocoque）。直升机几乎都不进行超高度飞行是由于其没有舱压系统。正因为如此，其外板做的薄而轻。

④尾部　尾梁用于尾旋翼的保持和旋翼驱动器的支撑。用于旋翼驱动以及将尾旋翼发生的力传递到机身的目的。尾翼在小型机中几乎都是固定的，以使飞行时的静稳定性提高。

⑤操纵系统　将手柄和踏板的动作通过操纵杆和链条长距离传递，使主旋桨叶片的迎角发生变化。小型机由人力操纵，大型机体则设有油压助推装置，以减轻操纵力。

⑥着陆系统　通常不进行滑行起飞着陆的小型旋转翼飞机备有称为承压架的降落着地装置。其结构简单，量轻且具有良好的稳定性。着陆造成的冲击由横梁管的弹性弯曲及油压阻尼器来吸收。大型机也使用与普通飞机相同的起落架。由于起落架能自行行走，机体的搬运也容易。

本节重点

（1）产生使翼旋转的发动机。

（2）尾旋翼和尾梁。

（3）直升机着陆装置——承压架。

直升机的主要结构

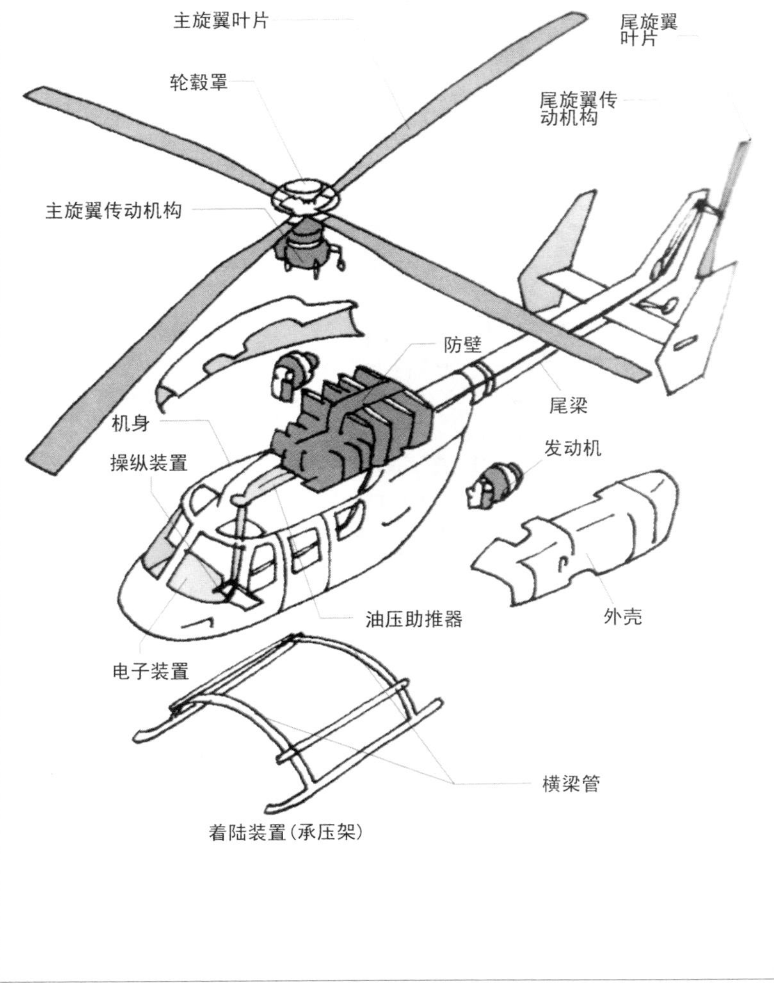
主旋翼叶片
尾旋翼叶片
轮毂罩
尾旋翼传动机构
主旋翼传动机构
防壁
尾梁
机身
发动机
操纵装置
油压助推器
外壳
电子装置
横梁管
着陆装置(承压架)

8.3　直升机的操纵

对旋翼产生的升力大小和方向进行操纵

直升机的操纵是通过控制机体上方的旋翼来实现的，即通过控制翼叶（blade）在机体上部旋转所发生的升力的大小和方向对直升机实施操纵。即使旋转翼的负荷发生增减，也使旋转数维持一定的发动机输出功率可自动控制。因此，在操纵中对升力的操作不是借由改变旋转数（从而对气速度的变化），而是借由改变迎角来实现的。

主旋翼通过位于其下方称作旋转（斜）盘的圆盘来控制，借由此圆盘的上下运动或倾斜，可使各个旋叶的迎角发生变化。

操纵驾驶舱的校正旋距操纵杆（CP），旋转（斜）盘（非旋转板）上下运动，全部主旋翼叶片的迎角发生一样的变化。据此，机体产生上升和下降运动。在地面运转时，向后拉操纵杆，伴随着迎角的增加产生向上的升力，当此升力超过机体重量时，直升机离陆。

操作操纵杆，使旋转（斜）盘发生倾斜，借由主旋翼叶片旋转角度的位置来改变迎角。若考虑旋转中的某一瞬间，每个叶片的迎角是不同的。利用这种操作，旋转面上产生升力差，通过旋转面倾斜可以变更机体姿势。前进时旋翼旋转面向前方倾斜，后退时旋翼旋转面向后方倾斜。

在旋转面倾斜时，升力的垂直成分支撑机体的重量，水平成分作为推力。越是倾斜，升力的垂直成分越小。这种状态继续，则会导致高度下降，为了维持高度必须拉起CP。

操作脚踏板使尾翼螺距变化可改变横向推力。尾翼与普通飞机的方向舵起同样的作用，可以改变机头方向。在直升机中，利用尾翼自己产生的空气流的反力而获得横方向的力。

本节重点

（1）借由旋转（斜）盘的位置和倾角进行控制。
（2）利用校正旋距杠杆（CP）实现上升和下降。

直升机的前进

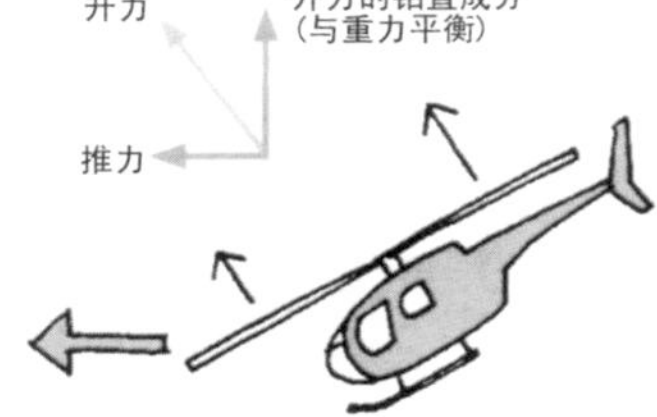

前进是通过旋翼的旋转面向前倾斜而实现的。由此当旋转面向后倾斜时升力增加

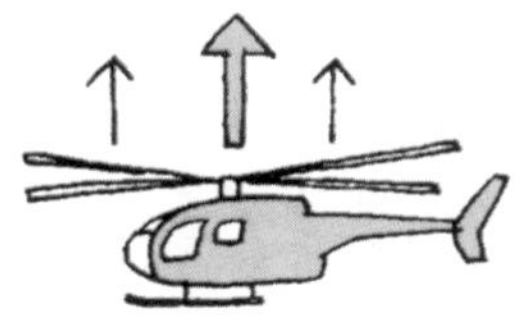

为了上升，旋翼叶片在所有回旋位置的迎角都要大

改变迎角的方法

使旋转（斜）盘发生倾斜　　旋转（斜）盘（非旋转板）　　整体地上、下

直升机的操纵

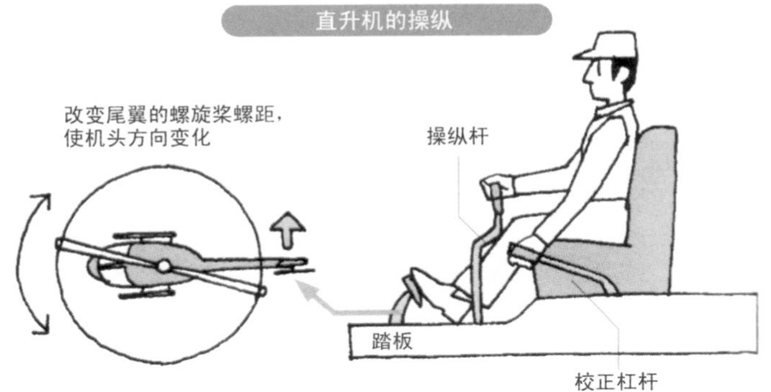

8.4　陀螺预调整

旋翼陀螺仪

借由旋翼旋转面向前方倾斜，直升机可以前进。为了旋翼旋转面倾斜，要操作叶片的迎角，这样会引起升力的不均匀。为了旋翼旋转面倾斜，叶片向前方来时迎角最小，叶片向后方回时迎角最大，似乎可以认为使旋转（斜）盘倾斜即可。但实际上，这样做旋翼旋转面不是向前方而是向横向倾斜。为防止这种现象发生，要利用不同旋转物中特有的力的作用。

你玩过陀螺吗？使陀螺旋转，则它能以旋转轴为中心，以自立状态旋转。进一步在这种具有质量，处于旋转状态圆盘的旋转面上加一倾斜的力。这样做，该力相对于旋转方向 90° 滞后。称此为陀螺预调整。对于旋翼高速旋转的直升机来说，旋转翼面上也会施加同样的作用。

取下自行车的车轮做实验，就能对陀螺预调整进行亲身体验。两只手握住车轮的轴，不旋转车轮，即使手持车轮的人看来将旋转轴向右方向倾斜，也不会感觉到特别违和。现在，若给予外胎旋转力，即使是完全相同的旋转轴，双手也会不可思议地感到向右倾斜和向前方倾斜的力。

在直升机的旋转面倾斜时，考虑陀螺预调整，会使迎角变化。也就是说，后方的升力最大，加上向上的力，旋转面在后方向上时的力达到最大。将操纵杆前推，左右位置上的迎角分别达到最大和最小的旋转（斜）盘倾斜。

本节重点

（1）90° 延迟的反作用力。
（2）考虑陀螺预调制改变迎角。

直升机的前进和后退

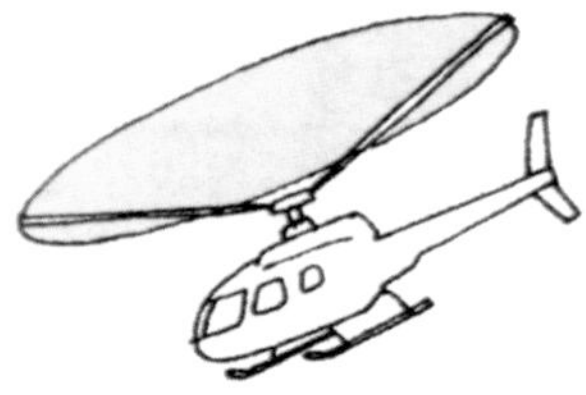

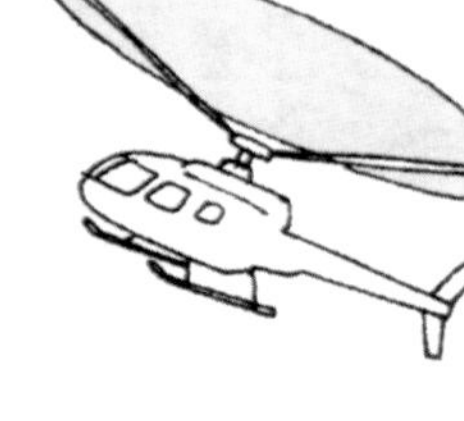

操纵者前推操纵杆，旋翼的回旋面向前倾斜，机体开始前进。

操纵者后拉操纵杆，旋翼的回旋面向后倾斜，机体开始后退。

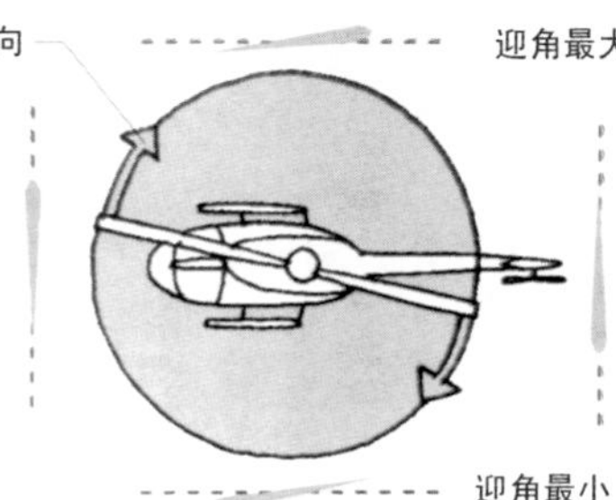

8.5 旋翼叶片的运动

细长旋翼叶片中承受的力和运动

直升机的翼上会产生起因于回转运动的特殊的力和运动。

停止中的旋翼叶片仅受自重作用。回转一旦开始，叶片上即产生径向作用力，此时的回转翼面在基本保持水平的状态下回转。由于自重比离心力小得多，因此离心力是主要作用。向上提拉校正旋距杠杆（CP），则迎角发生变化。这样做，叶片将发生少量的向上弯曲（拍动），在描画出圆锥状的轨迹的同时发生回转。此圆锥形，由叶片上作用的离心力，和向上的作用的升力平衡，称扫过的为一个圆锥。升力大约是离心力的10%，由于离心力大得多，因此在叶片不发生破坏的情况下，会停留在水平面附近、回转中心，即轴指向上方。

旋翼启动及停止时，由于惯性力，会有向前、向后的运动（tracking，引导运动）。而且，这种运动也会受到负荷的增减及回转面的倾斜造成的叶片重心移动的影响。这样，叶片会受到三轴坐标系中各种各样的力的作用。要求其即使受到这些力的作用也不会发生破坏的强度，而且为了轻量，考虑采用三轴能自由运动的万向节旋翼，还进一步开发了由复合材料承受这些运动的半关节、无关节叶片。

无风空中停旋中叶片上作用的空气力在全周围都是一样的。但是，在机体前进时，由于前进会产生对气速度，左右的升力平衡被破坏。这是由于，飞行方向回转侧的叶片由于空气流速的增加而升力增大，反对侧的叶片上由于空气流速的减少而升力减小。升力与大气速度的二次方成正比，由此造成的升力差会使机体横向倾斜。这种差异通过操纵杆的操作使迎角发生变化来调整。

本节重点

（1）旋翼叶片在受离心力拉伸的同时发生升力。
（2）使力消除的旋翼叶片根部的关节（铰链）。
（3）因旋转方向和前进方向不同而产生的左右的升力差。

叶片的运动

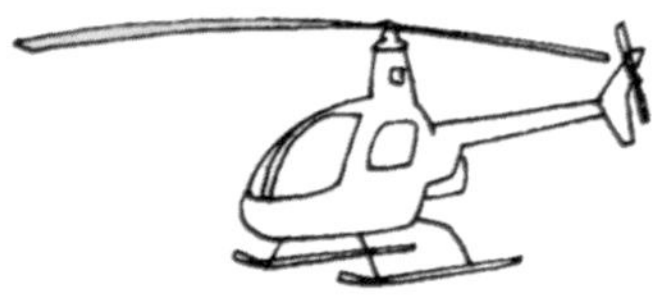

驻机状态下旋翼叶片因自重而向下弯曲

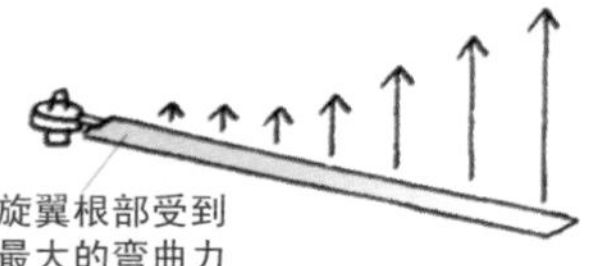

飞行中旋翼因升力作用而弯曲

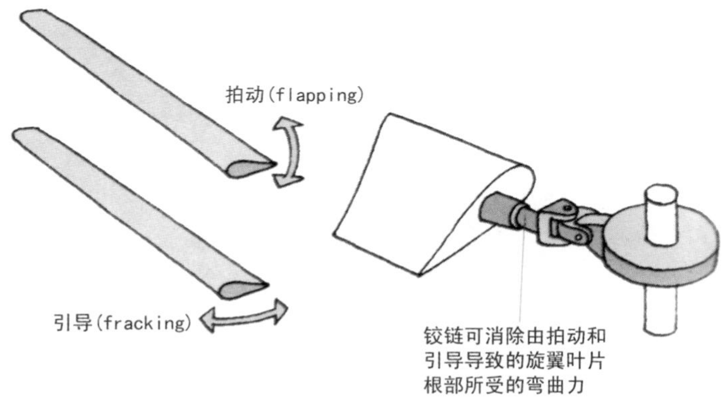

旋翼扫过圆锥角

离心力对旋翼产生拉伸的同时，升力传至旋翼主轴

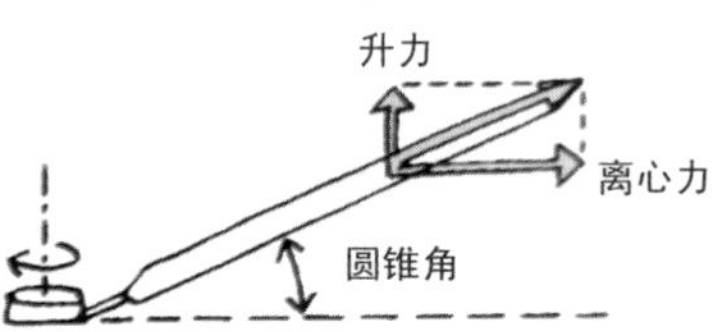

书角茶桌

直升机特技飞行

观看过飞机特技飞行的人想来不少。那么，利用直升机也可以进行特技飞行吗？答案是：可以！

直升机的诞生较晚，相对于其他飞行器来说可谓姗姗来迟。但自直升机诞生后，其技术就获得突飞猛进的发展。在动力由内燃机进展到马力更高的喷气式发动机的同时，桨叶为了获得更高效率和强度，在形状和材质上也进行了不断改良。更为重要的是，采用了更具机动性的无关节螺旋桨。

直升机的螺旋桨，正如前面介绍的那样，为了使由于拍动及引导这两个独立运动所产生的力不会造成破坏，采用了旋转关节。在通常的飞行中，由于伴随螺旋桨旋转的离心力作用变为提升和拉伸的状态，螺旋桨中产生的升力能够传输到机体中。但是，如果变换为翻筋斗等激烈的运动，关节的存在会成为妨碍力传递的原因。

直升机桨叶上作用的力直接地向机身传递，因此普通飞机不能完成的特技，如“翻筋斗”“横转”及“前后转”，也能实现。

直升机不像普通飞机那样背面很长，但必须留出一定体积的机体以便存放并能稳定地供给燃料。直升机今后会逐渐进入我们的日常生活，使我们的日子更加丰富多彩。

第9章

我国的航空产业——自强不息、后来居上

9.1 C919 国产大型客机

自行研制，具有自主知识产权的大型喷气式民用客机

历经 7 年研制后，首架 C919 大型客机于 2017 年 5 月 5 日在上海浦东机场成功起飞。

C919 中型客机，全称 COMAC C919，是中国首款按照最新国际适航标准，具有自主知识产权的干线民用飞机，于 2008 年开始研制。C 是 China 的首字母，也是中国商飞英文缩写 COMAC 的首字母，第一个"9"的寓意是天长地久，"19"代表的是中国首型中型客机最大载客量为 190 座。

C919 大型客机座级 158 ~ 168 座，航程 4075 ~ 5555km，不仅能够在国内所有城市之间进行往返飞行，而且可以从北京直飞新加坡。

飞机的运营环境温度从 −55 ~ 70℃，跨度很大，由于地表温度和高空温度的差异，飞机每次起降都要经过一次冷热循环，尤其是当航线范围覆盖炎热的热带或者寒冷的寒带时，冷热循环就会更加明显。在约 9 万次起降的设计寿命周期里，C919 要经受许多由温差带来的对飞机机体结构"冷冻热蒸"的考验，其机体结构材料的抗腐蚀、抗疲劳性能显得格外重要。

鉴于复合材料的上述优点，中国商飞在 C919 的设计中也选用了复合材料。其应用范围涵盖方向舵等次承力结构和飞机平尾等主承力结构，主要包括雷达罩、机翼前后缘、活动翼面、翼梢小翼、翼身整流罩、后机身、尾翼等部件，用量达到机体结构重量的 11.5%，新型复合材料的应用使体型较大的 C919 减重 7% 以上。其中，尾翼主盒段和后机身前段使用了先进的第三代中模高强碳纤维增强复合材料，主承力结构、高温区、增压区使用复合材料在国内民用飞机研制中也属首次。

本节重点

介绍 C919 国产民用客机的主要性能。

翱翔于蓝天的国产大型喷气式民用客机 C919

C919 大型客机按结构及其生产厂家的分解图

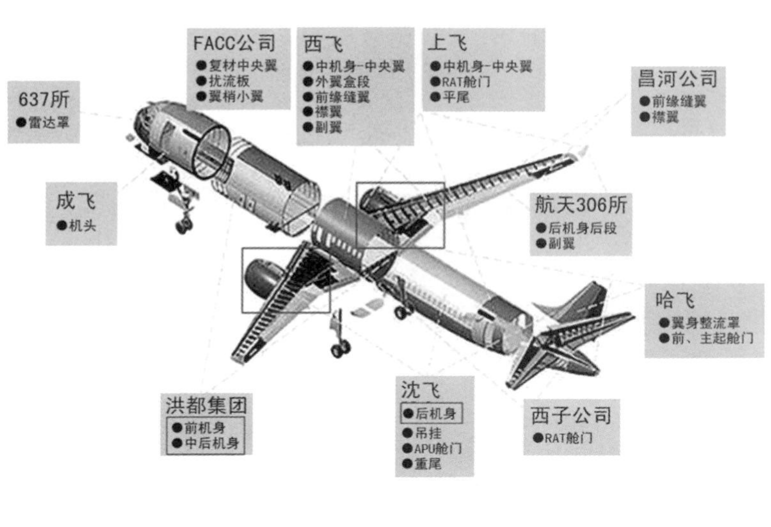

9.2 C919 大型客机机身采用的金属材料

铝合金、铝锂合金、钛合金

①**铝合金** 铝合金具有低密度、强耐蚀、高比强度、易导热、高塑性、低成本等优点，成为大型飞机机体结构的主要用材。但现有航空铝材的淬透性、耐蚀性、耐损伤性及均匀性不能满足大飞机要求，需要提高 15% ～ 25%。

通过寻求新的铝合金设计与制备途径，解决了高综合性能铝材发展的基础科技难题，开发出一批可在工业化条件下推广的制备板材、型材、锻件的新材料、新技术，相关研发单位为首款 C919 客机提供了 30 个规格的锻件，用于制造机翼、尾翼和壁板等，有效满足了我国大中型飞机发展的需要。C919 客机的机体铝合金材料的用量约占材料总量的 70%。

②**铝锂合金** 铝锂合金具有密度低、强度高且损伤容限性优良的特点，用它替代常规铝合金材料，能够使构件的密度降低 3%，质量减少 10% ～ 15%，弹性模量提高约 6%，刚度提高 15%～ 20%。

鉴于铝锂合金材料的优良性能，已在飞机上得到使用或试用，主要用于机身框架、垂直安定面、襟翼翼肋、进气道唇口、整流罩、油箱、舱门等。C919 客机除了机身采用铝锂合金外，长桁、地板纵梁、横梁、滑轨等也都采用了铝锂合金。

C919 使用的第 3 代铝锂合金材料在机体结构的用量达到 8.8%，已超过了空客 A380 的用量。因此，C919 客机实现了比波音 B737、空客 A320 等同类机型减重 5% ～ 10% 的战略目标。

③**钛合金** 钛合金具有密度低、比强度高、使用温度范围宽（–269 ～ 600℃）、耐腐蚀、低阻尼、无磁性和可焊等的诸多优点。C919 大型客机广泛采用钛合金材料，用量达到 9.3%。

（1）铝锂合金有哪些优点？
（2）钛合金有哪些优点？

C919 的外形尺寸及主要构成部件

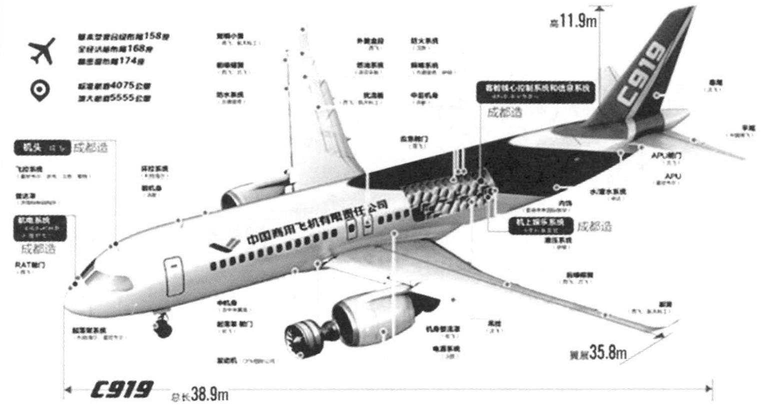

C919 用几种材料的性能对比

种类	密度/(g/cm^3)	拉伸强度/GPa	杨氏模量/GPa	线胀系数/$10^{-6}K^{-1}$
碳纤维	1.6～2.0	3.5	230～430	～0.1
钢材	7.8～8.7	1.83	190～210	11.3
铝合金	2.7	0.55	72	23.2
钛合金	4.5	1.12	112	7.2

9.3　C919 大型客机机身采用的复合材料

碳纤维增强复合材料

①**碳／碳复合材料**　碳纤维比铝还要轻，比钢还要硬，其密度是铁的 1/4，强度是铁的 10 倍，化学组成非常稳定。碳纤维及其织物增强的碳基体复合材料具有低密度、高强度、高比模量、高导热性、低膨胀系数、摩擦性能好以及抗热冲击性能好、尺寸稳定性高等优点。碳／碳复合材料制造的机轮刹车系统，耐高温、性能好，使用寿命是金属材料的 2 ～ 4 倍，质量只有其 1/4，对飞机性能的提升大有好处。C919 大型客机在机翼前后缘、活动翼面、后机身、尾翼等主承力和次承力受力较大的结构上使用了 T800 级高强碳纤维复合材料。该复合材料采用增韧环氧树脂基体，增强纤维为 T800 碳纤维，拉伸强度和拉伸模量较 T300 提高 50% 左右。

②**玻璃纤维复合材料**　相比碳纤维复合材料，玻璃纤维复合材料的力学性能稍低，但由于碳纤维介电常数较高，会影响雷达工作，C919 大型客机的雷达罩使用了玻璃纤维复合材料。另外一些受力较小的部件，如襟翼也使用了玻璃纤维复合材料。因为玻璃纤维复合材料成本比碳纤维复合材料低，在受力较小的部件上应用，既达到设计要求，又降低制造成本。

③**芳纶蜂窝材料**　机舱内部首次启用芳纶纤维制作椅罩、门帘，将使得飞机减重 30kg 以上，每架飞机能够节省超万元成本。C919 大型客机舱门和客货舱地板使用了芳纶蜂窝材料，这是一种采用酚醛树脂浸渍的芳纶纸制成的轻质高强非金属仿生芯材制品。它模仿蜜蜂的蜂巢设计，具有稳定、轻质的结构和很高的比强度，与泡沫芯材相比，它具有更高的剪切强度，与金属蜂窝相比，它更加耐腐蚀。同时，芳纶蜂窝材料还具有高韧性、良好的抗疲劳性能和防火性能，是一种比较理想的民航复合材料。

本节重点

（1）C919 何处使用碳／碳复合材料、玻璃纤维复合材料，芳纶蜂窝材料。

（2）试对碳／碳复合材料、玻璃纤维复合材料，芳纶蜂窝材料进行对比。

C919 大型客机不同机件和部位应用的材料

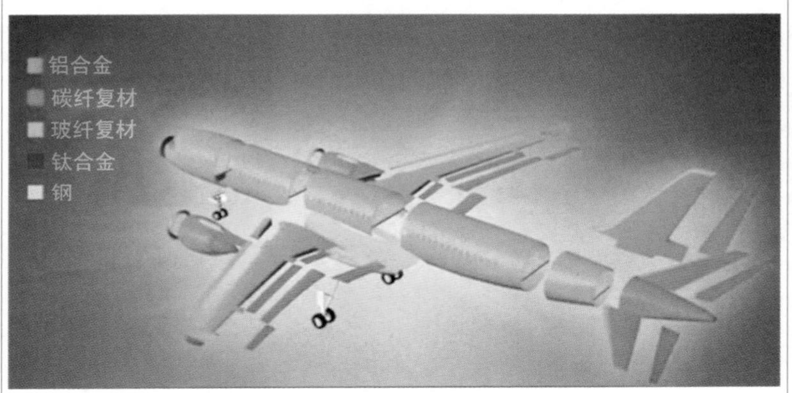

复合材料在 C919 大型客机上的应用

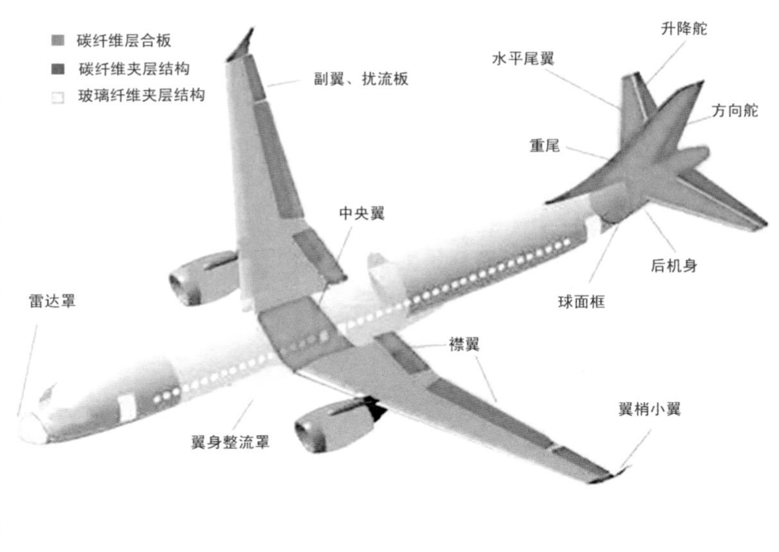

9.4 先进喷气发动机

涡轮风扇发动机四个部位都对材料提出高要求

喷气式发动机是一种直接利用反作用的推进装置，低速的工质（空气和燃料）经过增压、燃烧后高速喷出，从而直接产生反作用力。与活塞式发动机相比，喷气式发动机在重量和高速性能方面远远优于前者。

压气机是决定燃气涡轮发动机性能的重要部件。最近的大型涡轮风扇发动机，利用风扇及压气机将总压比提高到接近 40。这样的高压缩效率要求叶片在相对复杂的形状下又有很高的尺寸精度。

涡轮风扇发动机面临的技术问题之一是减轻质量。目前已开发了两种技术，其一是空心的钛合金风扇叶片的制造技术；另一种是采用纤维增强复合材料（FRP）风扇叶片来减轻质量。低压转子的轮盘和叶片用钢和铝合金，发展趋势是全部用钛合金。

高压转子的轮盘和叶片用耐热钢，发展趋势是用高温合金。前机匣用钢或钛合金制造，有的机匣为了隔声还需要用吸声材料。

燃烧室内燃烧区的温度高达 1800 ～ 2000℃，尽管引入气流冷却，燃烧室壁温一般仍在 900℃ 以上，常用易成形、可焊接的高温合金（新型镍基和钴基合金）板材制造。为了防止燃气冲刷、热腐蚀和隔热，常喷涂防护涂层。弥散强化合金不需涂层即可用于制造耐 1200℃ 的燃烧室。燃烧室用的材料均可用于制造加力燃烧室和尾喷管。制造涡轮叶片和涡轮盘的材料是影响发动机性能的重要材料。

适宜于制造涡轮叶片的材料有铸造镍基合金。现代试验型发动机的涡轮进口温度已达到 1650℃，更高的要求达到 1930℃。正在研制定向单晶、定向共晶、钨丝增强镍基合金和陶瓷材料，研制弥散强化镍基合金和新型粉末涡轮盘合金，以适应更先进发动机的涡轮叶片和涡轮盘的需要。

本节重点

（1）压气机是决定燃气涡轮发动机性能的重要部件。
（2）燃烧室内燃烧区的温度高达 1800 ～ 2000℃。

涡轮喷气发动机结构示意图

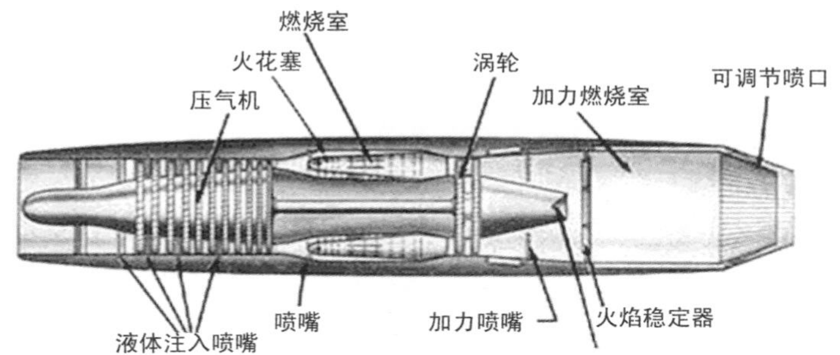

典型的涡轮喷气发动机图解

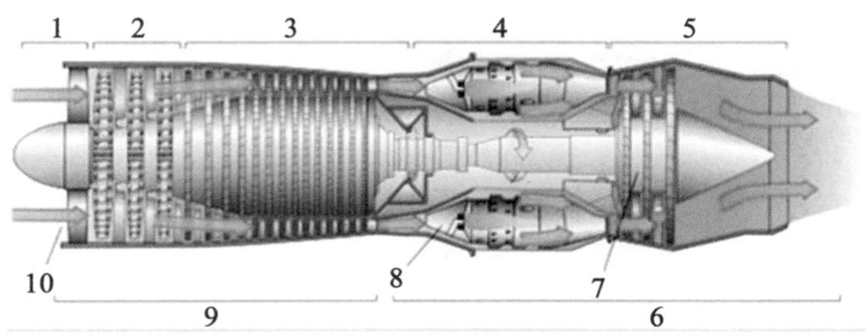

1—吸入；2—低压压缩；3—高压压缩；4—燃烧；5—排气；6—热区域；7—涡轮机；8—燃烧室；9—冷区域；10—进气口

9.5　C919 大型客机发动机用新材料

高温合金、金属间化合物、铸造镍基合金

喷气发动机压气机的零部件工作温度一般低于 650℃，要求用比强度和疲劳强度高、抗冲击和耐腐蚀的材料制造。离心式压气机的叶轮使用高强度铝合金，轴流式压气机的前风扇叶片用钛合金。低压转子的轮盘和叶片用钢和铝合金，发展趋势是全部用钛合金。高压转子的轮盘和叶片用耐热钢，发展趋势是用高温合金。

①**高温合金**　目前，在先进的航空发动机中，高温合金用量所占比例已高达 50% 以上。在高温合金发展过程中，制造工艺对合金的发展起着极大的推进作用。由于真空熔炼技术的出现，合金中有害杂质和气体的去除，特别是合金成分的精确控制，使高温合金性能不断提高。随后，定向凝固、单晶生长、粉末冶金、机械合金化、陶瓷型芯、陶瓷过滤、等温锻造等新型工艺的研究成功，推动了高温合金的迅猛发展。

②**金属间化合物**　金属间化合物具有高的使用温度以及比强度、热导率，尤其是在高温状态下，还具有很好的抗氧化，抗腐蚀性和高的蠕变强度。另外由于金属间化合物是处于高温合金与陶瓷材料之间的一种新材料，它填补了这两种材料之间的空档，因而成为航空发动机高温部件的理想材料之一。

目前在航空发动机结构中，致力于研究开发的主要是以钛铝和镍铝等为重点的金属间化合物。

③**铸造镍基合金**　制造涡轮叶片和涡轮盘的材料是影响发动机性能的重要材料。适宜于制造涡轮叶片的材料有铸造镍基合金。现代试验型发动机的涡轮进口温度已达到 1650℃，更高的要求达到 1930℃。正在研制定向单晶、定向共晶、钨丝增强镍基合金和陶瓷材料，研制弥散强化镍基合金和新型粉末涡轮盘合金，以适应更先进发动机的涡轮叶片和涡轮盘的需要。

本节重点

（1）何谓高温合金，飞机发动机何处使用高温合金。
（2）说明金属间化合物在高温合金中的作用。

喷气涡轮发动机中的涡轮叶片

一种镍基高温合金（GH4169）的成分

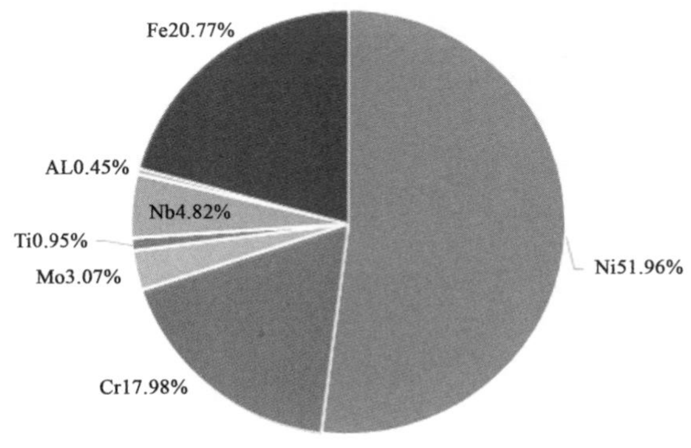

9.6 C919 大型客机发动机用复合材料

树脂基复合材料、碳／碳复合材料、陶瓷基复合材料

①**树脂基复合材料** 树脂基复合材料的服役温度一般不超过350℃。因此，树脂基复合材料主要应用于航空发动机的冷端。树脂基复合材料在国外先进航空发动机上的主要应用部位如图所示。

为进一步减轻压气机的质量，叶片和壳体将全塑料化，而且正在进行纤维增强金属叶片盘的研究。另外，目前正进行工作温度超过 300℃ 的高温纤维增强复合材料及高温高精度成型技术的研究。利用纤维增强金属基复合材料可以将原来圆盘状的压气机叶片盘设计为环状来减轻质量。

②**碳／碳复合材料** 碳／碳复合材料是被认为唯一可作为推重比 20 以上，发动机进口温度可达 1930 ~ 2227℃ 涡轮转子叶片的后继材料，是美国 21 世纪重点发展的耐高温材料。

③**陶瓷基复合材料** 陶瓷基复合材料除了具有重量轻、硬度高的优点以外，还具有优异的耐高温和高温抗腐蚀性能。目前陶瓷基复合材料在承受高温方面已经超过了金属耐热材料，是高性能涡轮发动机高温区理想的材料。法国的 M88-2 型发动机的燃烧室和喷管等也都采用了陶瓷基复合材料。

为提高燃烧室的高温性能，目前正在开发防止瞬间破坏的纤维增强陶瓷。采用 SiC 纤维的纤维增强陶瓷燃烧室等的评价工作目前正在进行中。纤维增强陶瓷部件的制造方法是用 SiC 纤维编织成部件形状的织物，然后在编织纤维间隙用气相浸渍法或聚合物浸渍法使 SiC 纤维致密化。

本节重点

(1) 树脂基复合材料用于喷气发动机的何种部位。

(2) 碳／碳复合材料在喷气发动机中的应用前景。

C919 用 Leap-x 发动机中复合材料的应用

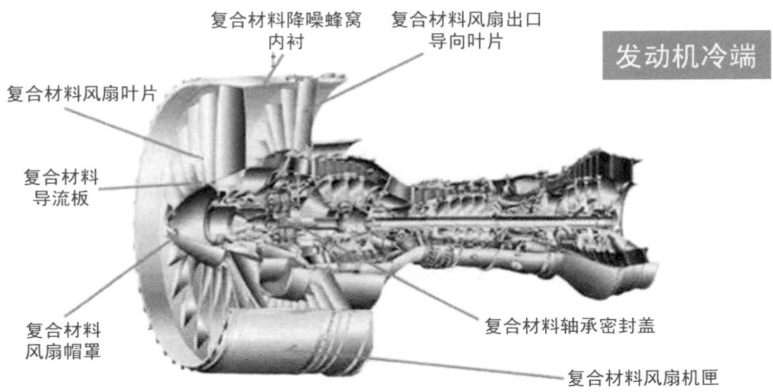

C919 用 Leap-x 发动机复合材料叶片制作工艺图

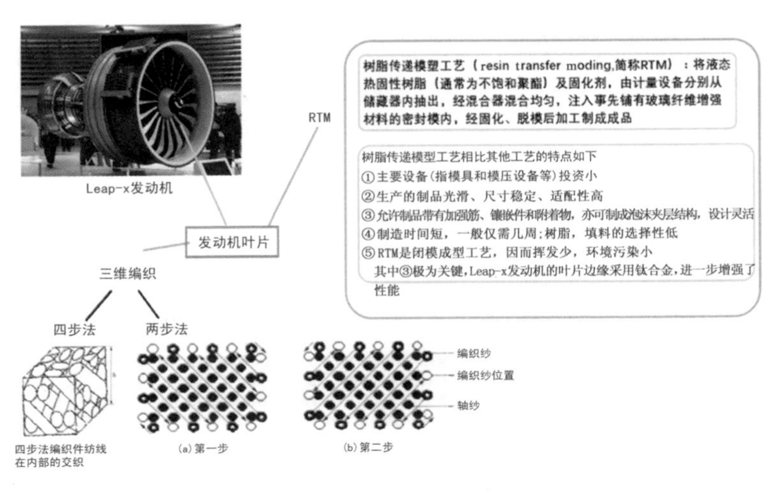

9.7 涡轮扇结构及其形成方法

单晶、涂层、空心涡轮叶片

喷气式发动机（jet engine）利用加速排出的气体做功，气体的来源是燃料的燃烧。喷气式发动机主要分为涡轮喷气发动机、火箭喷气发动机、涡轮螺旋桨喷气发动机等。

喷气式发动机的工作特点是高温、高压、高转速、高负荷。发动机燃气温度越高，发动机推力越大；通过发动机的空气流量越大，发动机推力也越大。从燃烧室出来的高温、高压燃气流驱动涡轮叶片以每分数千转甚至上万转的转速运转，通常涡轮前温度要超过涡轮叶片材料的熔点。

涡轮主要利用的是镍基合金，这种合金具有高温热强性（高温强度、蠕变抗力、高温疲劳强度）、在高温气体介质中的抗氧化性、抗腐蚀性（抗燃气腐蚀性）。为了满足各种特性要求，在镍基体中加入了多种强化元素，如 W、Mo、Ti、Al、Nb、Co 等；材料本身的晶体结构从以前的多晶变成了定向单晶，消除了对空洞和裂纹敏感的横向晶界，使全部晶界平行于应力轴方向，从而改善了合金的使用性能；控制结晶组织，盘外边采用细晶粒，抗疲劳性能好，里边采用粗晶粒，抗蠕变性能好；单晶叶片消除了全部晶界，不必加入晶界强化元素，使合金的初熔温度相对升高，从而提高了合金的高温强度，并进一步改善了合金的综合性能。

此外，涡轮外层还涂有 $Nb-Cr_2Nb$、$Nb-NbSi_3$ 以及 $Nb-MoSi_2$ 等陶瓷材料，可使涡轮的耐热性提高 260℃左右。采用通道空心涡轮叶片，利用气膜冷却，可降低叶片表面温度，还有减重作用。

本节重点

（1）喷气发动机的工作原理和主要用途。
（2）喷气发动机的工作特点及对材料的要求。

发动机中涡轮叶片的结构及涡轮扇组装

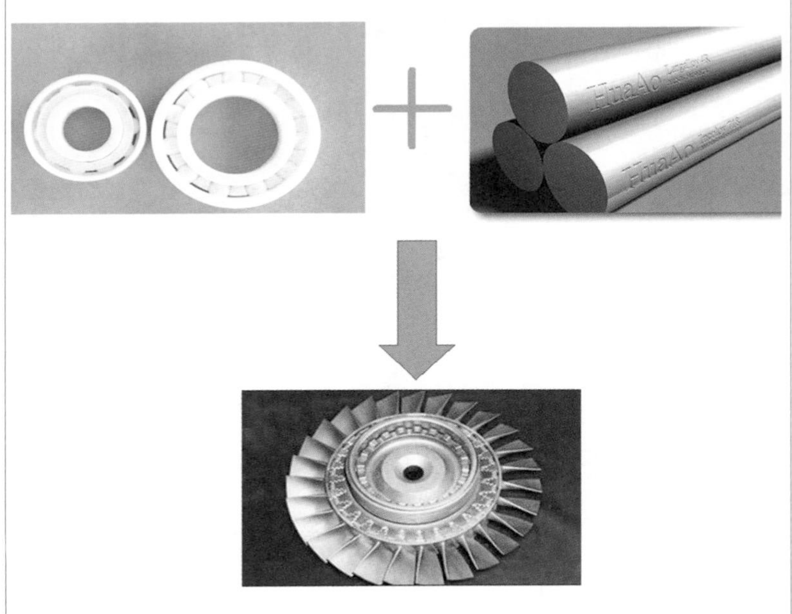

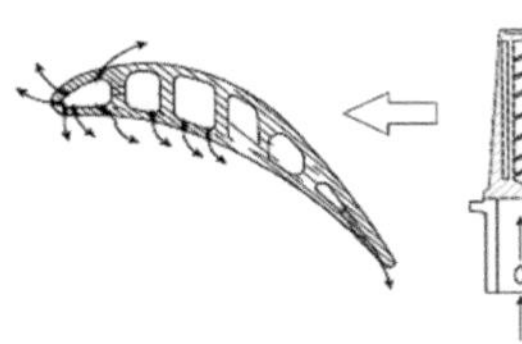

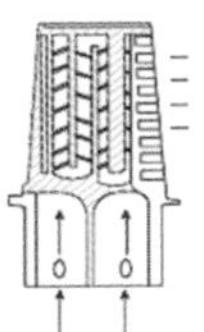

气膜冷却的发动机涡轮叶片

9.8 隐形飞机

敌方难以发现、无法实施拦截和攻击

隐形飞机（stealth aircraft ）也称作隐身战机，是利用各种技术减弱雷达反射波、红外辐射等特征信息，使敌方探测系统（如雷达等）不易发现的飞机。隐形做得好，敌方难以发现，则无法实施拦截和攻击。

目前，飞机隐身的方法主要有以下三个方面：一是减小飞机的雷达反射面，从技术角度讲，其主要措施有设计合理的飞机外形、使用吸波材料、主动对消、被动对消等；二是降低红外辐射，主要是对飞机上容易产生红外辐射的部位采取隔热、降温等措施；三是运用隐蔽色降低肉眼可视度。

图中是美军实战中使用的隐形飞机的实例。吸波材料的吸波性能取决于吸收剂的损耗吸收能力，因此吸收剂的研究一直是吸波材料的研究重点。目前最受重视的吸收剂主要有以下几种。

①铁氧体系列吸收剂铁氧体系列吸收剂包括镍锌铁氧体、锰锌铁氧体和钡系铁氧体等，是发展最早、应用最广泛的吸收剂。由于强烈的铁磁共振吸收和磁导率的频散效应，铁氧体吸波材料具有吸收强、吸收频带宽的特点，被广泛用于隐身领域。铁氧体材料在高频下具有较高的磁导率，且其电阻率亦高（$10^8\sim10^{12}\Omega\cdot cm$），电磁波易于进入并得到有效的衰减。

②多晶铁纤维系列吸收剂　多晶铁纤维系列包括铁纤维、镍纤维、钴纤维及其合金纤维。多晶铁纤维以其独特的形状特征和复合损耗机理（磁损耗和介电损耗）而具有重量轻、频带宽的优点。调节纤维的长度、直径及排列方式，可容易地调节吸波涂层的电磁参数。

③导电高聚物　导电高聚物吸波材料是利用某些具有共轭π电子的高分子聚合物的线形或平面形构形与高分子电荷转移络合物作用，设计其导电结构，实现阻抗匹配和电磁损耗，从而吸收雷达波。

④手征性材料　研究表明，手征性材料能够减少入射电磁波的反射并能吸收电磁波。手征性材料在实际应用中主要可分为本征手征性材料和结构手征性材料，前者自身的几何形状（如螺旋线等）就使其成为手征性物体，后者是通过其各向异性的不同部分与其他部分形成一定角度关系而产生手征性行为使其成为手征性材料。手征性材料与一般吸波材料相比，具有吸波频率高、吸收频带宽的优点，并可通过调节旋波参量来改善吸波特性。

⑤磁性金属纳米粒子吸收剂　这种材料具有强烈的表面效应，在电磁场辐射下原子、电子运动加剧，促使磁化，使电磁能转化为热能，从而可以很好地吸收电磁波（包括可见光、红外光），因而可用于毫米波隐身及可见光－红外隐身。

本节重点

（1）何谓隐形飞机，飞机隐身方法包括哪几个方面？
（2）隐形飞机所用的吸波剂包括哪些种类？
（3）以典型吸波材料为例说明吸波剂吸波的原理。

美国某型隐形无人驾驶机

9.9 吸波方法和隐形技术

雷达隐身，等离子体隐身和光、声隐身

①**雷达隐形技术** 通过改变飞机外形与结构设计，并使用各种吸波、透波材料，减弱飞机本身电磁辐射强度。合理的外形设计不仅能减弱飞机反射雷达波的强度，还能使各个方向的雷达波相互抵消。因此，隐形飞机在外形结构设计时，都尽量缩小其外形尺寸，减少突出部位，消除角反射和镜面反射，取消外挂装置，外形转折处尽可能圆滑过渡等。

②**等离子体隐身技术** 在物体表面涂覆放射性同位素，在飞机表面形成一层具有足够电离密度和厚度的等离子体，雷达辐射的电磁辐射一部分被等离子体吸收，另一部分则在等离子体层中发生绕射、或改变传输方向，不产生有效反射。涂料以钋—210、锶 - 90 制成，在高速飞行状态下，可使飞行器表面在空气层电离，形成一层等离子体来吸收微波、红外线等。

③**红外隐形技术** 在表面涂敷红外隐身涂料，有效地降低机体的红外辐射强度，减少被红外侦察、探测、制导与热成像处理技术发现的概率。

④**可见光隐形技术** 在飞机表面涂抹各种保护迷彩和变形迷彩，降低飞机与背景之间颜色和亮度的反差，或歪曲兵器的原有外形，使各种光学侦察器材难以发现和辨认，并对飞机的闪光、喷气、喷火尾迹进行处理和控制。

⑤**声音隐形技术** 利用各种消声技术，降低飞机的声音强度。隐形飞机安装有吸声装置，或采用噪声极小的飞机发动机，许多国家目前还在研究吸声涂层技术以用于飞机表面的声波隐形。美国的 F—117A 隐形飞机采用了全新设计的 F—404 型发动机，它有良好的隔声效果，在跑道上距离 30m 处它所发声音不高于蜜蜂发出的嗡嗡声，因而赢得了“耳语喷气机”的美称。

本节重点

(1) 介绍雷达隐形技术。
(2) 介绍等离子体隐身技术。
(3) 介绍光、声隐形技术。

隐性飞机的设计考虑

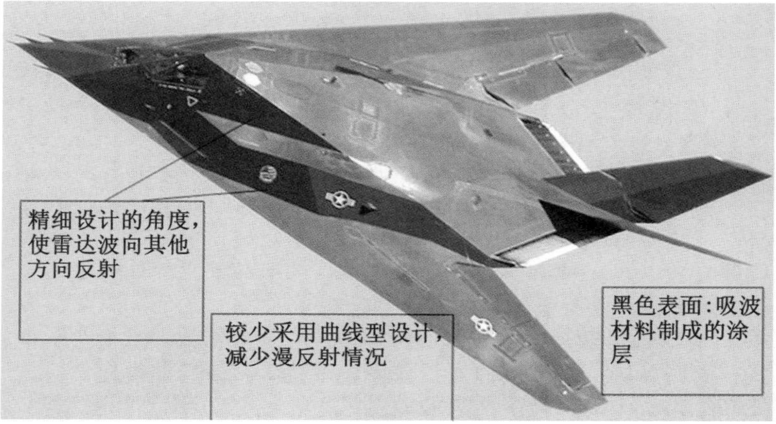

精细设计的角度，使雷达波向其他方向反射

较少采用曲线型设计，减少漫反射情况

黑色表面:吸波材料制成的涂层

雷达遇到隐形飞机的情况上吸波原理下

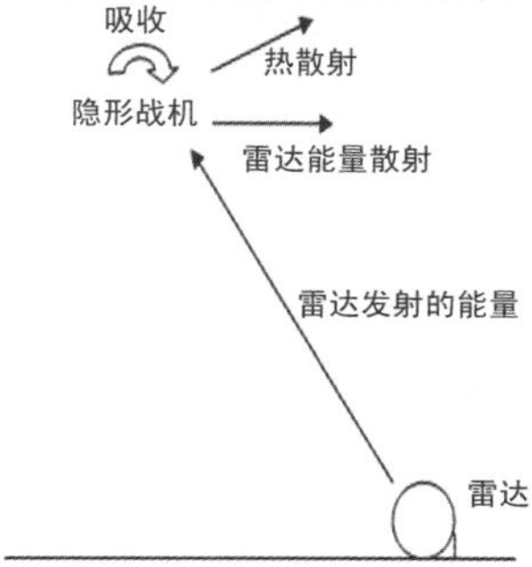

吸收

热散射

隐形战机

雷达能量散射

雷达发射的能量

雷达

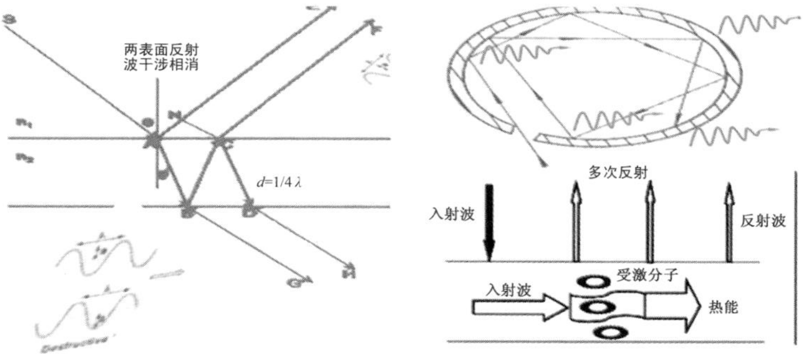

两表面反射
波干涉相消

$d=1/4\lambda$

Destructive

多次反射

入射波

反射波

受激分子

入射波

热能

(a) 干涉型　　吸波原理　　(b) 吸收型

9.10 吸波材料及吸波层的形成

借由磁损耗和电损耗衰减雷达波

雷达吸波材料是靠雷达波在材料中感生的传导电流，产生磁损耗或电损耗，以衰减雷达波。雷达吸波材料分两大类，一类是谐振型，另一类是宽频带型。

铁氧体吸波涂料价格低廉、吸波能力强、应用广泛；羰基铁吸波涂料吸收能力强、应用方便，但面密度大；陶瓷吸波涂料密度低、吸波性能好；放射性同位素吸波涂料涂层薄且轻，具有吸收频带宽、耐用性好、能承受高速空气动力等优点；导电高分子吸波涂料涂层薄且易维护，吸收频带宽。

近年来，纳米吸波涂料成为吸波涂料新的亮点，其力学性能好、面密度低，是高效的宽频带吸波涂料，可以覆盖电磁波、微波和红外，并能增强腐蚀防护能力，耐候性好、涂装性能优异。另外手征吸波涂料是近几年来吸波涂料领域研究的热点，与一般吸波涂料相比，具有吸波频率高、吸收频带宽的优点，并可以通过调节旋波参量来改善吸波特性，在提高吸波性能、扩展吸波带方面具有很大潜能。

红外吸波涂料是指用于减弱武器系统红外特征的信号以达到隐形技术要求的特殊功能涂料。

可见光吸波涂料又称视频隐形技术，可以弥补雷达隐形和红外隐形的不足。它针对人的目视、照相、摄像等观测手段，通过降低飞机目标与背景之间的亮度、色度和运动的对比特征，达到降低目标被发现概率的目的。

本节重点

(1) 吸波材料的吸波原理及雷达吸波材料的类型。
(2) 常用的雷达吸波材料有哪些。

吸波材料吸波效果示意图

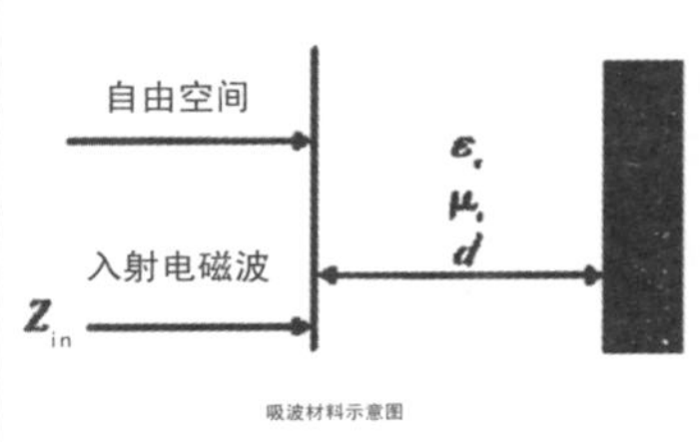

吸波材料示意图

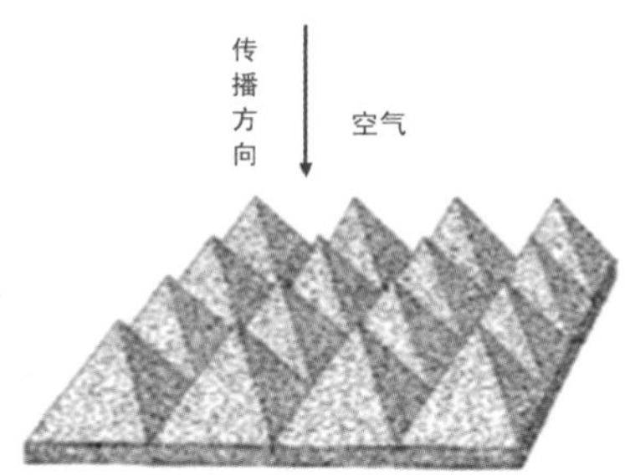

纳米棒－石墨烯复合材料的微波吸波性能

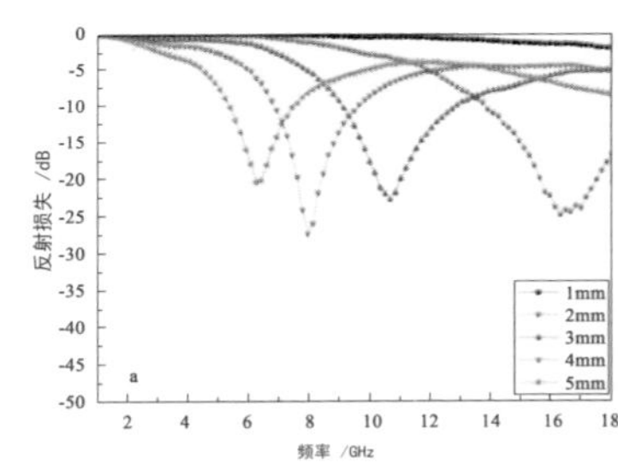

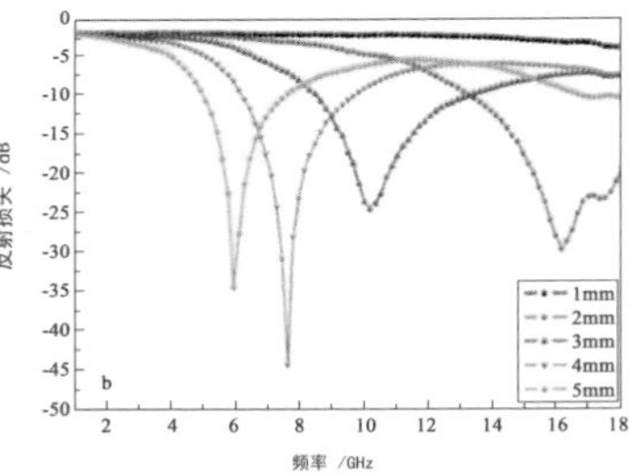

具有优异微波吸收性能的石墨烯泡沫（左）和磁性氧化铁纳米球（右）

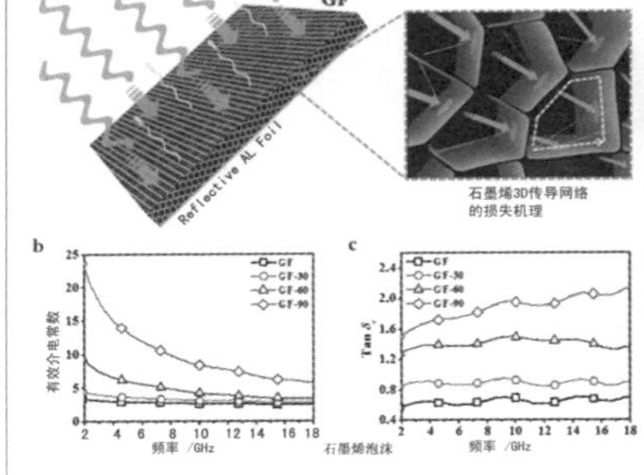

石墨烯泡沫

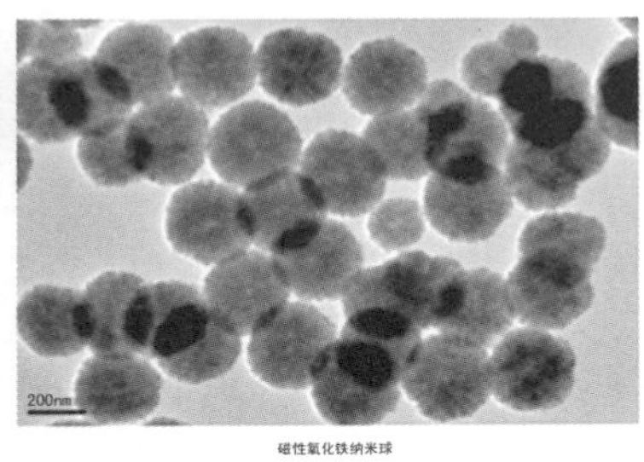

磁性氧化铁纳米球

9.11 国产先进战斗机——歼 −20

许多部件实现了国产化

据猜测，我国的歼 −20 可能部分采用了等离子吸波涂料。等离子体吸波涂料是将放射性物质涂覆在目标上，使目标表面附近的局部空间电离，形成等离子体来吸收电磁波的能量。

①**涡轮风扇** 空心风扇叶片的制造方法是在弯曲的两片钛合金板的两个接合面上加工凹槽，在两板之间夹入钛制蜂窝层，用钎焊扩散连接在一起，然后用精加工方法加工叶片表面。经改进，利用超塑加工与扩散连接相结合，开发出新的空心叶片。这种空心叶片的质量仅为原实心叶片的 50% 左右。纤维增强树脂基复合材料风扇叶片是利用碳纤维增强树脂制造的，在其表面涂耐烧蚀涂层，在叶片前缘粘接防烧蚀和防外来物损伤的金属板。

②**压气机** 叶片材料要求采用在低温区比强度高的钛合金。最近开发出了再现性良好的电解加工（ECM）法，可以制造出更高精度的叶片。

③**燃烧室** 为提高燃烧室的效率，燃烧室的壁面材料应选用在高温条件下抗氧化和抗软化的镍基或基基高温合金材料。燃烧室的制造技术有钣金焊接、钎焊、电火花加工、扩散连接和激光打孔等。在燃烧室的内表面采用等离子喷镀法喷镀氧化锆系陶瓷绝热层，以提高耐高温性和延长寿命。

④**涡轮** 为提高发动机效率，需要提高燃烧室出口燃气温度。因此，涡轮叶片需要采用添加铼的高温蠕变强度好的第二代或第三代单晶铸造材料，涡轮喷管采用单晶或单向凝固铸造材料。而涡轮盘要采用疲劳强度和蠕变特性更好的新型镍基高温合金锻造或者粉末冶金材料制造。为提高这些涡轮叶片和喷管的寿命，可采用耐燃烧气体的高温氧化和高温腐蚀的涂层。

本节重点

（1）新的加工工艺和结构可减轻涡轮风扇叶片的质量。
（2）燃烧室要使用高温合金。

国产歼 -20 隐形歼击机

9.12　无人机

可无线操纵的无人驾驶飞机

无人机是可远程操控或自主动作的无人驾驶飞机，其上可以安装照相机、传感器、通信系统乃至武器等，质量从 25g 到 1200kg 不等。无人机最早出现在军事用途，但最近应用到了高空摄影、送货，还可用于喷洒农药、测定空气质量等，用途越来越多。不仅如此，某些无人机作为廉价产品，将迎来个人可购买的时代。

美国从 2004 年开始将无人机用于军事攻击。目前，无人机市场上大部分的产品是军事用途，其余用于企业、媒体、个人等。现在无人机在中国的使用仍受诸多限制。

在许多国家，“安全”是无人机最大的问题。恐怖分子可以用无人驾驶飞机实施恐怖活动，而且无人驾驶飞机可能会突然失灵并坠毁，还有被黑客攻击或碰到障碍的风险。另外，用无人机拍摄的照片越多，侵犯个人隐私的风险就越大。

目前电视台、广播电台等用于商业用途的大多数无人驾驶飞机都会向有关部门报告，得到批准才能使用。尽管有这些限制，无人机市场仍在稳步增长。据美国专门从事国防工业的咨询公司 Til Group 预测，到 2020 年，无人机市场的年复合增长率将以每年 8%以上的速度增长，并将增长至 114 亿美元以上。

2015 年举办的国际消费电子展（CES）也展示出无人机的发展前景。无人驾驶飞机的展台面积约为 6500m^2。无人机会像人工智能一样，市场增长不可阻挡，其高速飞行似乎也不受限制。只是会适当地限制无人机的使用范围。

本节重点

（1）何谓无人机？
（2）无人机的用途。

无人机运行机构范例

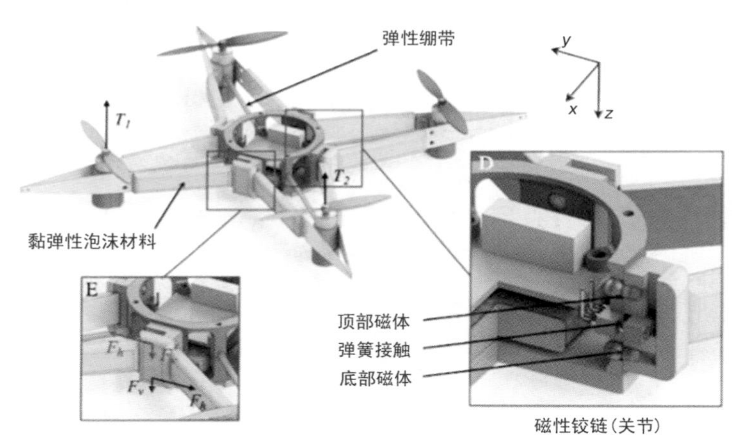

无人机实例

书角茶桌

空中优势的转变

1980 年，日本拿到了第一批 F-15J 战斗机。该国和伊朗、以色列、沙特阿拉伯是当时仅有的获准向美国购买其先进的第三代空中优势战斗机的 4 个国家。

除了其他强有力的武器装备之外，日本航空自卫队当时有 200 架 F-15J 战斗机正在服役，成为全世界实力排名第三的空军，并且在整个 20 世纪 80 年代保持着这一荣誉。只有美国和苏联部署了类似数量、实力相当的平台。

我国在 20 世纪 80 年代研发出了基础的第二代截击机，在 90 年代末拥有了一批全世界最先进的第三代战斗机，即 150 架苏 -27 和苏 -30“侧卫”战斗机，后者的实力令美国的 F-15C 和日本的 F-15J 相形见绌。基于这些设计，我国进而制造了超过 300 架歼 -11 战斗机，它与从俄罗斯获取的战斗机几乎一模一样，第一批其实就是凭许可证生产的苏 -27 战斗机。F-15J 终于在空中遇到了对手。十年之间，日本在战机技术和数量上转为了劣势。

歼 -11 的爬升率较高，推重比更具优势，能够在更高的角度发动攻击。它还具有极强的机动性，能够比“鹰”式战斗机承受更大的过载。实际上，比较老式的 F-15J 战斗机的唯一优势是它的飞行速度稍快，达到 2.6*Ma*，高于对手的 2.35*Ma*，其实际升限是 20000m，高于对手的 19000m; 虽然炮筒中可以存放更多炮弹——但这些都不太可能对其与歼 -11 交战的结果产生决定性影响。

随着若干新武器（包括更多的歼 -20 第五代战斗机，不久将进入现役、射程超过 300km 的“霹雳”-15 空对空导弹，歼 -11D 战斗机）投入使用，我国的空中优势在不断扩大。

参考文献

[1] 高木雄一，小冢龍馬，松島丈弘，谷村康行．航空工学の本．日刊工業新聞社，2010.

[2] 刘让贤，晏初宏，凡进军，宋斌．航空概论．北京：航空工业出版社，2013.

[3] 李成智．空中旅行——快捷 舒适 安全 神奇．北京：北京航空航天大学出版社，2016.

[4] 周日新．喷气惊奇——航空动力的里程碑．北京：北京航空航天大学出版社，2016.

[5] 张子骏．神奇材料——世界因这些神秘物质而改变．长沙：中南大学出版社，2017.

[6] 曹春晓，郝应其．材料世界的天之骄子——航空材料．北京：清华大学出版社，广州：暨南大学出版社，2002.

[7] 傅恒志，朱明，杨尚勤．空天技术与材料科学．北京：清华大学出版社，广州：暨南大学出版社，2000.

[8] 黄燕晓，瞿红春．航空发动机原理与结构．北京：航空工业出版社，2015.

[9] 刘大响，陈光．航空发动机 飞机的心脏．北京：航空工业出版社，2015.

[10] 王运锋，何蕾，郭薇．C919 大型客机总装下线助推我国材料产业发展．新材料产业.2016(01)：25-31.

[11] 姜丽萍．C919 的制造技术热点及最新研究进展．航空制造技术，2013（22）：26-31.

[12] 庄敏．C919 用了哪些新材料．大飞机，2017(08)：34-37.

[13] 喻媛．C919 上用了哪些新材料．大飞机，2018(01)：29-3.

[14] 齐颖．碳纤维及其复合材料的发展现状．新材料产业，2017(12)：2-6.

[15] 李红萍，叶凌英，邓运来，张新明．航空铝锂合金研究进展．中国材料进展，2016，35(11)：856-862.

[16] 孙洁琼，张宝柱．先进铝锂合金的特点及其在民用飞机上的应用．航空工程进展，2013，4(02)：158-163.

[17] 田民波．材料学概论．北京：清华大学出版社，2015.

[18] 田民波．创新材料学．北京：清华大学出版社，2015.

[19] David Anderson.Scott Eberhardt. Understanding Flight. McGraw-Hill Professional. 2015.

作者简介

田民波，男，1945年12月生，中共党员，研究生学历，清华大学材料学院教授。邮编：100084；E-mail：tmb@mail.tsinghua.edu.cn。

于1964年8月考入清华大学工程物理系。1970年毕业留校一直任教于清华大学工程物理系、材料科学与工程系、材料学院等。1981年在工程物理系获得改革开放后第一批研究生学位。其间，数十次赴日本京都大学等高校从事合作研究三年以上。

长期从事材料科学与工程领域的教学科研工作，曾任副系主任等。承担多项包括国家自然科学基金重点项目在内的科研项目，在国内外刊物发表论文120余篇，正式出版著作40部（其中10多部在台湾以繁体版出版），多部被海峡两岸选为大学本科及研究生用教材。

担任大学本科及研究生教师数十门课程。主持并主讲的《材料科学基础》先后被评为清华大学精品课、北京市精品课，并于2007年获得国家级精品课称号。

面向国内外开设慕课两门，其中《材料学概论》迄今受众近4万，于2017年被评为第一批国家级精品慕课；《创新材料学》迄今受众近2万，被清华大学推荐申报2018年国家级精品慕课。

作者书系

1. 田民波，刘德令．薄膜科学与技术手册：上册．北京：机械工业出版社，1991.
2. 田民波，刘德令．薄膜科学与技术手册：下册．北京：机械工业出版社，1991.
3. 汪泓宏，田民波．离子束表面强化．北京：机械工业出版社，1992.

4. 田民波．校内讲义：薄膜技术基础，1995.
5. 潘金生，仝健民，田民波．材料科学基础．北京：清华大学出版社，1998.
6. 田民波．磁性材料．北京：清华大学出版社，2001.
7. 田民波．电子显示．北京：清华大学出版社，2001.
8. 李恒德．现代材料科学与工程词典．济南：山东科学技术出版社，2001.
9. 田民波．电子封装工程．北京：清华大学出版社，2003.
10. 田民波，林金堵，祝大同．高密度封装基板．北京：清华大学出版社，2003.
11. 田民波，刘培生，译．多孔固体——结构与性能．北京：清华大学出版社，2003.
12. 范群成，田民波．材料科学基础学习辅导．北京：机械工业出版社，2005.
13. 田民波．半導體電子元件構裝技術．臺北：臺灣五南圖書出版有限公司，2005.
14. 田民波．薄膜技术与薄膜材料．北京：清华大学出版社，2006.
15. 田民波．薄膜技術與薄膜材料．臺北：臺灣五南圖書出版有限公司，2007.
16. 田民波．材料科学基础——英文教案．北京：清华大学出版社，2006.
17. 范群成，田民波．材料科学基础考研试题汇编：2002—2006. 北京：机械工业出版社，2007.
18. 西久保 靖彦．圖解薄型顯示器入門．田民波，譯．臺北：臺灣五南圖書出版有限公司，2007.
19. 田民波．TFT 液晶顯示原理與技術．臺北：臺灣五南圖書出版有限公司，2008.
20. 田民波．TFT LCD 面板設計與構裝技術．臺北：臺灣五南圖書出版有限公司，2008.
21. 田民波．平面顯示器之技術發展．臺北：臺灣五南圖書出版有限公司，2008.
22. 田民波．集成电路（IC）制程简论．北京：清华大学出版社，2009.
23. 范群成，田民波．材料科学基础考研试题汇编：2007—2009. 北京：机械工业出版社，2010.

24. 田民波，叶锋 . TFT 液晶显示原理与技术 . 北京：科学出版社，2010.
25. 田民波，叶锋 . TFT LCD 面板设计与构装技术 . 北京：科学出版社，2010.
26. 田民波，叶锋 . 平板显示器的技术发展 . 北京：科学出版社，2010.
27. 潘金生，仝健民，田民波 . 材料科学基础（修订版）. 北京：清华大学出版社，2011.
28. 田民波，吕辉宗，温坤禮 . 白光 LED 照明技術 . 臺北：臺灣五南圖書出版有限公司，2011.
29. 田民波，李正操 . 薄膜技术与薄膜材料 . 北京：清华大学出版社，2011.
30. 田民波，朱焰焰 . 白光 LED 照明技术 . 北京：科学出版社，2011.
31. 田民波 . 材料学概论 . 北京：清华大学出版社，2015.
32. 田民波 . 创新材料学 . 北京：清华大学出版社，2015.
33. 田民波 . 材料學概論 . 臺北：臺灣五南圖書出版有限公司，2015.
34. 田民波 . 創新材料學 . 臺北：臺灣五南圖書出版有限公司，2015.
35. 周明胜，田民波，俞冀阳 . 核能利用与核材料 . 北京：清华大学出版社，2016.
36. 周明胜，田民波，俞冀阳 . 核材料与应用 . 北京：清华大学出版社，2017.